AF234256

AU ROI.

SIRE,

Eɴ m'admettant à l'honneur de présenter à Voᴛʀᴇ Mᴀᴊᴇsᴛᴇ́ le *Mécanisme uranographique* dont la simplicité et les effets obtinrent vos éloges et votre approbation; en daignant, pour en suivre la démonstration, suspendre pendant une demi-heure les grands intérêts de l'État que la Providence vous a rappelé à gouverner; en agréant l'hommage et la dédicace de ce *Mécanisme*, et en

URANORAMA

FAMILIER,

OFFRANT AUX YEUX ET A L'ESPRIT TOUT CE QUE

L'ASTRONOMIE

PHYSIQUE ET GÉOGRAPHIQUE

RENFERME DE PLUS CURIEUX ET DE PLUS INSTRUCTIF

SUR LA NATURE,

LE MOUVEMENT ET LES PHÉNOMÈNES DES CORPS CÉLESTES, ETC.;

DÉDIÉ ET PRÉSENTÉ

A S. M. LOUIS XVIII,

PAR CH. ROUY.

*Les cieux proclament la gloire de Dieu, et
le firmament montre l'ouvrage de ses mains.*
PSAL. XIX.

QUATRIÈME ÉDITION,

REVUE, CORRIGÉE ET AUGMENTÉE.

A PARIS,

CHEZ L'AUTEUR, QUAI DE JEMMAPES, N° 4,

ET CHEZ LES PRINCIPAUX LIBRAIRES.

permettant que sa propagation en soit
faite sous le *nom auguste* de Votre Majesté, c'est assez prouver au Monde,
Sire, combien un Monarque éclairé sait
que l'instruction des peuples est inséparable de leur bonheur.

Je suis, avec le plus profond respect,

Sire,

DE VOTRE MAJESTÉ,

Le très-humble et très-fidèle
sujet,

Charles ROUY.

MOTIFS ET UTILITÉ

DE

L'URANORAMA.

CONDUIRE l'esprit, sans le fatiguer, à la connaissance du système du monde, indiquer le nombre et les rapports des corps qui constituent ce système, développer les mouvemens qu'ils exécutent, démontrer les lois qui en règlent l'ordre admirable et éternel, rendre raison des effets et des phénomènes qui en résultent, et le désir ardent de propager les élémens, ou plutôt les résultats de la plus sublime de toutes les sciences, l'astronomie, tel est le but que je me suis proposé, en me livrant à l'exécution de l'Uranorama, qui représente ce système en action.

Comme les astronomes n'écrivent en général que pour la classe des savans, ou pour les jeunes gens qu'un penchant naturel et toutes les facultés requises entraînent à le devenir, il s'ensuit que leurs livres, étant nécessairement remplis d'algèbre, de figures géométriques et de termes scientifiques, ne peuvent être compris que par un très-petit nombre de lecteurs : de sorte que les seuls adeptes étant appelés à pénétrer dans le temple de la science, il en résulte que les explications, contenues dans ces précieux volumes, sur les causes qui produisent les phénomènes célestes, s'y trouvent hermétiquement renfermées, parce qu'elles sont aussi inintelligibles à la généralité des lecteurs que le sont pour tous les hommes les mystères en matière de religion. C'est ainsi qu'une lumière trop vive nous empêche de voir les objets que nous apercevrions très-distinctement s'ils étaient environnés de moins d'éclat.

Cependant une longue expérience m'a démontré que, depuis le monarque jusqu'au simple berger, il n'est personne qui ne désire avoir au moins quelques notions claires et précises sur le spectacle de l'univers ; mais comme ces connaissances superficielles n'ont, en général, d'autre but et d'autre résultat que de satisfaire une louable curiosité de l'esprit, et qu'elles ne conduisent à la fortune et aux honneurs que dans des cas extrêmement rares, il n'est pas surprenant qu'on voie si peu de personnes se décider à en faire un travail et un objet de spécula- tion.

Pour propager ces notions et les rendre familières, il convient donc de les dépouil- ler de la théorie scientifique, de les expo- ser en action et dans un langage universel- lement entendu : ce langage est celui des yeux. Quand l'effet et la cause qui le pro- duit frappent simultanément les yeux, l'es- prit superficiel, dégagé du fardeau des re- cherches, se trouve heureux et satisfait d'avoir acquis, sans peine et en peu de temps, des connaissances qui lui seraient à jamais restées ignorées, si, pour les obte- nir, il eût fallu se livrer à des lectures abs- traites et incompatibles avec ses facultés morales ou avec le genre d'occupation au- quel il se livre.

Mais, parmi la foule des curieux béné- voles, il en est dont la simple vue d'un ob- jet qui les frappe et les étonne, embrase à l'instant le génie assoupi ; et des person- nes que l'on juge incapables d'aucune con- ception deviennent quelquefois, par de semblables circonstances, l'ornement de leur siècle et la gloire de leur patrie. Je pourrais citer plusieurs exemples qui attestent la vérité de cette assertion.

C'est donc en propageant les moyens de répandre les lumières dans le vulgaire, que l'on parvient à les multiplier et à augmenter le nombre des prosélytes de la science. C'est ce motif, joint à une prédilection particulière pour l'astronomie, qui m'a conduit comme par enchantement à la confection de l'Uranorama, ainsi qu'aux démonstrations publiques que j'en fais dans mon établissement, et dont l'exposé se trouve dans le présent ouvrage.

Je pense que ces motifs pourront servir de réponse aux objections que l'on a pu et que l'on pourrait encore faire contre les planétaires, dont les astronomes n'ont assurément pas besoin. Mais parce qu'un très-petit nombre de savans, dispersés sur quelques points du globe, enseignent, dans toute son étendue, aux frais des gouvernemens, la science qu'ils professent; parce que leur loisir et leur aptitude leur permettent de se livrer entièrement à l'étude et aux calculs des mouvemens célestes, ne serait-il permis qu'à eux seuls de parler de l'univers, d'en faire connaître et ressortir les merveilles, d'en figurer les mouvemens; et d'expliquer, par des moyens plus ou moins ingénieux, la cause des phénomènes qui résultent de la variété de ces mouvemens ? Je suis convaincu, par la complaisance de plusieurs à m'aider de leurs conseils et de leurs lumières, qu'il n'est jamais entré dans la pensée d'aucun d'eux de s'arroger un tel privilége, ni qu'ils voulussent forcer à la lecture de leurs livres, et sous peine d'être condamné à une éternelle ignorance, quiconque désire, en peu d'instans et par manière de délassement, ajouter à ses connaissances acquises celle du système du monde.

Ce n'est donc ni pour les astronomes, ni pour les mathématiciens, que je me suis livré aux combinaisons de l'Uranorama et à la composition de cet opuscule; ni l'un ni l'autre ne leur apprendrait rien qu'ils ne sachent beaucoup mieux que moi. C'est pour une classe plus nombreuse, et qui, bien que moins savante, n'en est pas moins estimable; c'est pour un grand nombre de maîtres qui enseignent les élémens d'astronomie dans les écoles primaires de l'Europe, auxquels le défaut d'un planétaire ou d'autres moyens de se rendre intelligibles à leurs élèves rend leurs leçons peu fructueuses;

c'est enfin pour la multitude, ainsi que pour les jeunes gens qui ont besoin d'un moyen facile, agréable et curieux, pour les faire arriver au but qu'on se propose à leur égard, que l'Uranorama et mes séances uranographiques, ainsi que cet ouvrage, sont rendus publics.

Puissent mes efforts, en contribuant à la propagation des lumières, servir aussi à élever les cœurs à l'adoration de l'Être infini, dont l'existence et le pouvoir suprême se manifestent à chaque instant dans le cours harmonieux des innombrables globes dont sa main créatrice a peuplé l'univers!

Extrait du Moniteur *du* 19 *Janvier* 1816.

Paris, le 18 Janvier 1816.

Le 17 de ce mois, M. Charles Rouy a eu l'honneur de présenter au Roi un mécanisme uranographique portatif, qu'il a inventé et construit pendant son séjour à Milan. S. M. a daigné prendre intérêt à cette utile invention, qu'elle a bien voulu honorer du nom d'*Admirable*, à cause de la facilité des démonstrations qu'elle produit du véritable système du Monde.

Les mouvemens diurne et annuel de la Terre, le parallélisme de son axe, l'ellipse qu'elle décrit autour du Soleil pour produire le périhélie et l'aphélie, la station et la rétrogradation des planètes, ont particulièrement fixé l'attention du Roi, qui, après les expressions les plus flatteuses et les plus encourageantes pour M. Rouy, a daigné agréer l'hommage de ce beau mécanisme, et ordonné comme un témoignage de sa satisfaction qu'il soit déposé à la Bibliothèque royale.

Extrait des Rapports de MM. les Astronomes de Milan à M. le Comte VACCARI, *Ministre de l'Intérieur de l'ex-Royaume d'Italie.*

ExCELLENCE,

Le mérite principal que nous avons remarqué dans le Mécanisme de M. Rouy, sur lequel Votre Excellence demande notre avis, est celui de la simplicité et de l'économie, combinées avec une représentation satisfaisante des principaux phénomènes du système planétaire.

Entre ceux-ci, on remarque le mouvement annuel de la Terre autour du Soleil, et en même temps la révolution diurne autour de l'axe , le parallélisme de ce même axe conservé dans tous les points du mouvement , d'où l'on voit la différence des saisons et l'inégalité des jours et des nuits.

L'auteur a trouvé l'ingénieux moyen de combiner le mécanisme de la Terre avec celui destiné à conserver le parallélisme de l'axe de manière à lui faire décrire un épicycle , d'où il résulte que le centre de la Terre se trouve successivement à diverses distances du Soleil, et en représente le périhélie et l'aphélie dans les points convenables.

Tandis que la Terre accomplit sa révolution autour du Soleil, la Lune se meut autour de la Terre et y produit autant de révolutions qu'il y a de lunaisons dans une année.

Par ce mouvement, les phases de la Lune et les éclipses sont assez bien représentées.

Outre ces mouvemens, qui sont les plus intéressans, l'auteur y a ajouté la rotation du Soleil sur son axe, par laquelle l'apparition et la disparition des taches se trouvent représentées ; et il y a semblablement adapté les mouvemens de Mercure et de Vénus , proportionnés au temps de leurs révolutions respectives, d'où on voit la raison des apparences de leurs élongations, tantôt le matin, tantôt le soir, des rétrogradations, des passages sous le Soleil , etc.

Les autres planètes, avec leurs satellites , une comète dans sa parabole , n'ont point de mouvement dépendant du mécanisme précédent ; mais chacune est placée , par le professeur , suivant la position où elle se trouve dans le ciel au temps donné.

Cela considéré, nous pensons que M. Rouy, par son talent, avec les justes principes de la science, et par sa persévérance dans ses essais, a réussi à rendre son mécanisme simple , portatif, économique , d'un usage commun et tout à la fois satisfaisant dans la représentation des phénomènes célestes. C'est pourquoi nous sommes d'avis qu'il serait très-utile et très-convenable dans les lycées et dans les établissemens d'éducation.

Nous avons l'honneur de renouveler à Votre Excellence les sentimens de respect , et de l'estime la plus distinguée.

Signé ORIANI, CESARIS.

Milan , 2 février et 13 mars 1812 (1).

---

(1) D'après la présentation faite de l'Uranorama à l'Institut royal de France, le 13 juin

Le Ministre de l'Intérieur à M. Charles Rouy, à Milan.

Milan, le 20 août 1812.

Je me fais un plaisir de vous transmettre, Monsieur, un exemplaire du Procès-Verbal de la distribution des prix établis par les lois des 9 septembre 1805 et 15 novembre 1811, exécutée le 15 du courant.

En partageant avec vous la satisfaction de voir dans cet acte solennel rappeler votre nom avec cet honneur qui est dû à vos talens,

------

1814, et à la Société d'encouragement pour l'industrie nationale, le 13 mars 1816, MM. Delambre, Burckhard, Bouvard, Arago, Bréguet et Dumolard ont été chargés d'en faire l'examen, et ont déclaré que le rapport ci-dessus de MM. Oriani et Cesaris était si exact et si bien détaillé, qu'ils en approuvaient le contenu ainsi que la conclusion.

Depuis ces rapports, j'ai été assez heureux pour concevoir et ajouter à l'Uranorama les deux mouvemens de rotation et de translation de Mercure et Vénus dans leurs orbites convenablement inclinées, ce qui produit des effets d'une vérité surprenante.

je me trouve heureux de vous attester mon estime distinguée.

Signé VACCARI.

Extrait du MONITEUR *du* 29 *mai* 1816.

Le zèle constant que SA MAJESTÉ met à encourager les auteurs de découvertes ou de perfectionnemens utiles dans les sciences et les beaux-arts, nous fait un devoir de rendre compte à nos lecteurs de la satisfaction que nous avons éprouvée il y a peu de jours en assistant à une séance des démonstrations que fait M. Charles Rouy, dans son *Muséum uranographique,* sur le mécanisme qu'il a eu l'honneur de présenter à notre savant Monarque, et pour lequel il vient d'obtenir pour quinze ans, et à titre d'encouragement, le brevet d'invention.

Le procédé ingénieux par lequel cet artiste modeste a su rendre sur son mécanisme tous les phénomènes de notre univers, lui mérite à juste titre les éloges qu'il a obtenus du Roi, et ceux qui lui ont été prodigués en notre présence par la société savante et aussi distinguée que nombreuse dont il était environné , éloges qu'en notre particulier nous nous plaisons à lui renouveler.

Au moyen de ce mécanisme , dont l'élégance peut se servir comme d'un meuble d'ornement , M. Rouy démontre avec autant de clarté que de précision les diverses causes des phénomènes célestes ; il résout facilement toutes les difficultés , et répond judicieusement à toutes les objections.

L'œil étonné suit sur le mécanisme uranographique, et comme par enchantement , les corps célestes qui semblent suspendus dans l'espace , et dont les mouvemens respectifs produisent avec tant de vérité la représentation des phénomènes que les astronomes seuls ont le privilége de voir en réalité , que les personnes les moins instruites peuvent à l'instant même en saisir la cause et les effets. Mais ce qui nous a paru le plus surprenant, c'est l'obliquité que l'auteur est parvenu à donner aux orbites planétaires , et dont la conception et l'exécution nous semblent très-heureuses.

Nous ajouterons qu'en faisant faire à la Terre un mouvement elliptique autour du Soleil , pour produire le périhélie et l'aphélie , et en représentant par un procédé aussi simple qu'étonnant les apparences bizarres des stations et des rétrogradations des planètes, M. Rouy semble avoir trouvé la solution de deux problèmes, mécanique et astronomique.

La démonstration de M. Rouy est si claire, que trois ou quatre séances suffisent pour mettre les gens du monde à portée de comprendre le système de l'Univers, mieux qu'ils ne pourraient le faire en plusieurs mois d'études isolées. Nous conseillons aux directeurs d'établissemens d'éducation, et généralement à toutes les personnes qui, en peu de temps et à fort peu de frais, voudraient acquérir sur ce sujet des connaissances positives et durables, non-seulement d'assister aux démonstrations uranographiques de M. Rouy, mais de se procurer son mécanisme, ainsi que la description qu'il vient d'en faire imprimer et qu'il a eu l'honneur de dédier et de présenter à Sa Majesté.

Extrait des Annales politiques, morales et littéraires, du Dimanche 20 octobre 1817.

Mécanisme uranographique, présenté à Sa Majesté Louis XVIII, et destiné aux Établissemens d'éducation, etc., *par* Charles Rouy, *Professeur d'astronomie.*

L'objet du *Mécanisme* de M. Rouy étant de répandre les connaissances cosmographiques, et le Roi ayant daigné prendre intérêt à son invention, en autorisant l'auteur à en déposer des modèles dans les grandes bibliothèques, nous nous empressons d'appeler l'attention des lycées, des colléges, des maisons d'éducation, etc., sur ce mécanisme aussi simple qu'ingénieux, qui montre et développe d'un coup d'œil ce qu'aucune description, même figurée, ne peut rendre; ce que des sphères surchargées de cercles ne sauraient représenter; ce que des machines trop compliquées n'offriraient point avec la même économie et la même clarté.

Le dépôt du *Mécanisme uranographique* à la bibliothèque du Roi rappelle, après un siècle et demi ; les planétaires du P. Nic. de Harrouis (dans le nom duquel il est assez singulier que se rencontre celui de M. Rouy). Ces planétaires, au nombre de cinq à six, un pour chaque système, y compris celui de Copernic, avaient chacun neuf à dix pieds de diamètre : ce sont les plus grands qu'on ait exécutés. On les voyait en 1678 au collége de Louis-le-Grand. Ils ont été décrits par le P. Garnier : l'on ignore ce qu'ils sont devenus. Dans le cours d'un demi-siècle parurent ensuite plusieurs planétaires plus ou moins réguliers ; celui de Roëmer, présenté à l'Académie en 1680 ; l'*automate* de Huyghens, en 1704 ; une sphère qui se mouvait au moyen d'une pendule, par J. Pigeon, présentée au roi en 1706 : elle avait dix-huit pouces de diamètre. Mais, vers 1720, le célèbre horloger Graham exécuta, pour le comte d'Orrery, un planétaire plus parfait qu'aucun de ceux qu'on avait entrepris jusqu'alors ; sur ce modèle, des instrumens semblables, connus encore aujourd'hui sous le nom d'*Orrery*, se sont multipliés, et se trouvent en Angleterre dans tous les cabinets de physique. David Senning a publié, en 1752, une introduction à l'usage de ces sphères ; elle est citée

par Lalande dans sa Bibliographie astronomique. Une des plus riches machines de ce
genre a été celle que lord Macartney porta
en présent à l'empereur de la Chine ; mais
elle n'était pas de fabrique anglaise, quoique donnée pour telle, ce qui attira des désagrémens à l'ambassade : l'auteur était allemand ou hollandais.

En France, l'abbé Nollet s'est occupé de
simplifier les machines uranographiques ; et
l'on peut regarder comme des perfectionnemens du même genre la *sphère à lan-
terne* de l'abbé Grenet, décrite dans sa
Géographie ancienne et moderne, 1788,
in-12 ; la *sphère mouvante* offerte, par
M. Janvier, à l'exposition de l'an x (1802),
et qui lui valut une médaille d'or ; les
sphères de M. Loisel, décrites dans ses
Leçons d'un père à son fils, Paris, 1805,
et faisant voir à l'œil la précession des
équinoxes, qu'aucune machine n'avait encore montrée. M. Delamarche, ingénieur
mécanicien, construit depuis long-temps,
à Paris, des planétaires dans le genre des
Orrerys anglais ; et M. Jambon vient encore
d'annoncer tout récemment sa machine géo-
cyclique. Mais, en général, le prix un peu
élevé de ces instrumens, destinés au com-

merce, a empêché qu'ils ne devinssent d'un usage commun. Ils sont, à raison des pignons et des roues dont leur système est formé, sujets, comme les pendules, à des réparations coûteuses. Les moyens, aussi compliqués que les résultats, font que les mouvemens, exécutés par des moteurs différens, y sont successifs et non simultanés (1).

Le *Mécanisme uranographique* de M. Rouy produit, au contraire, les effets les plus divers avec les moyens les plus simples. Les révolutions diurne et annuelle de la Terre, l'ellipse qu'elle décrit autour du Soleil, en conservant le parallélisme de son axe, les révolutions de Mercure et de Vénus, le mouvement de la Lune autour de la Terre, la rotation du Soleil sur son axe, etc., s'exécutent par un même mécanisme, c'est-à-dire par un jeu de poulies mues par des fils de soie au moyen d'une manivelle. Les autres planètes extérieures

---

(1) Nous avons cru qu'on lirait avec intérêt cette courte notice historique sur les planétaires, que M. Rouy eût mieux donnée sans doute dans sa *Description* imprimée, où l'on regrette de ne pas la trouver. (*Note de l'Auteur de l'article.*)

avec leurs satellites n'ont pu, à cause de
leur trop grand éloignement du centre de
la machine, avoir un mouvement dépendant
de ce mécanisme ; mais chacune peut, d'a-
près la *Connaissance des temps*, être placée dans la position véritable où elle se
trouve pour un jour donné. Cependant le
mouvement parabolique d'une comète dont
le cours peut couper l'orbite des planètes
mues par le même mécanisme s'y rattache
à volonté. Par le mouvement général des
planètes qui s'exécute dans des orbites inclinées, les divers phénomènes de l'inégalité
des jours et des nuits, des diverses saisons,
des phases , des éclipses, sont rendus
sensibles sur le globe de la Terre , éclairé
par une lumière placée au centre de la
sphère solaire ; et le midi de chaque pays est
indiqué par une aiguille qui correspond au
point du globe où le rayon du Soleil tombe
perpendiculairement. La disposition d'où
résulte la courbe elliptique décrite par la
Terre dans le cercle où elle se meut , a été
remarquée comme une conception très-heu-
reuse ; et l'on regarde aussi comme l'une des
plus ingénieuses, celle qui offre les stations
et les rétrogradations apparentes des planètes, au moyen d'un appareil qui s'adapte

au-même mécanisme, et qui consiste dans une longue aiguille, dirigée d'une planète à l'autre, et dont la pointe est tantôt stationnaire et tantôt rétrograde, tandis que ces planètes continuent de suivre leur cours respectif.

La simplicité du mécanisme qui opère tous ces effets, et qui a permis à l'artiste de le porter à un prix assez modéré pour les moindres dimensions, en rend l'usage facile et commode dans la représentation des phénomènes célestes. Nos principaux astronomes, MM. Delambre, Burckhard, Bouvard et Arago, qui l'ont examiné, ont applaudi à son exécution, en partageant les motifs du rapport des astronomes de Milan, qui ont jugé son adoption utile dans les lycées et dans les établissemens d'instruction publique. L'approbation que M. Rouy a obtenue de Sa Majesté y donne un nouveau poids, et ajoute aux modèles déposés une valeur d'autant plus précieuse, que le nom du Roi, en tête de la souscription ouverte, devient un puissant exemple pour ceux qui cultivent la science, et un grand encouragement pour l'artiste qui la propage.

GENCE.

Discours prononcé le vendredi 4 avril 1823, à la séance d'Ouverture du Cours élémentaire d'uranographie, par M. le Professeur Roux *, à Varsovie.*

Messieurs,

En promenant mes regards dans cette enceinte, et n'y voyant que des fronts sur lesquels la nature a tracé les caractères indestructibles de la culture des sciences et des beaux-arts, je ne puis qu'être effrayé de la tâche que je me suis imposée. Quel homme en effet, placé dans une situation semblable à la mienne, environné par tout ce que cette capitale renferme de plus illustre dans tous les genres de gloire, et devant parler de la plus sublime de toutes les sciences à des personnes d'un savoir incomparablement supérieur au sien; quel homme, dis-je, en pareille circonstance, n'éprouverait en son cœur, ému par une juste défiance de soi-même, le trouble inséparable de toutes les sensations qui naissent de la crainte et de la timidité ?

Mais quand je considère que presque tous

mes auditeurs sont Polonais, et que je les dois
entretenir de l'homme immortel qui reçut la
naissance dans leur illustre patrie, alors
mes craintes se dissipent , mon courage
renaît , et la certitude d'obtenir leur indul-
gence restitue à ma voix les accens qui
étaient prêts à expirer sur mes lèvres.

S'il n'est aucun peuple sur la terre qui
ne cite avec orgueil les noms des grands
hommes qu'il a produits ; si sept villes de
la Grèce se sont disputé l'honneur d'avoir
vu naître dans leur sein le chantre des Dieux
et des Héros, le divin Homère ; si plusieurs
villes de l'Italie ont également revendiqué
la naissance de Virgile ; si la Chine , la Perse,
la Bithynie et l'Égypte se félicitent encore
aujourd'hui d'avoir été les berceaux de *Fohi* ,
de Confucius, de Zoroastre, de Mercure-Tris-
mégiste , d'Hipparque, de Ptolémée , etc. ;
si la Russie, l'Angleterre , l'Allemagne , le
Danemarck et la France tressaillent aux
seuls noms d'Euler , de Pallas, de Karamsin ;
de Newton , de Kepler, de Tycho-Brahé ; de
Descartes, de Buffon, de d'Alembert, de Voltaire , de Lalande , de Laplace, etc. ; c'est à
vous, Polonais, qu'il appartient d'être orgueilleux de la naissance de l'homme étonnant
qui , pardonnez-moi l'expression, a surpris

au Créateur le secret si long-temps impéné-
trable du mécanisme de l'Univers.

Oui, Messieurs, le grand Copernic était
le concitoyen de vos nobles aïeux ; le sang
polonais coula dans ses veines ! Oui, c'est
dans votre ancienne et illustre patrie, c'est
sur les bords de la Vistule, c'est à Thorn,
enfin, que naquit, le 19 février 1473, ce
génie vaste et sublime qui, pénétrant les
mystères et l'harmonie de la création, sapa
les fondemens de l'illusoire et incohérent
édifice que Ptolémée avait élevé depuis plus
de 14 siècles, et qui, par son antiquité et
faute de moyens de destruction, était devenu
l'objet du respect et de la vénération du
monde.

S'il est glorieux pour vous, Messieurs,
d'être les compatriotes d'un homme dont
le nom subsistera aussi long-temps que l'Univers ; d'un homme qui, par la hardiesse et
la rectitude de son génie, s'est élevé au-
dessus des préjugés et de l'illusion de tous
les siècles ; s'il est, dis-je, glorieux pour
vous que votre sol ait produit cet astre éclatant dont la splendeur a fait jaillir la lumière
des ténèbres et dissipé tant d'erreurs et de
superstitions, il est aussi bien doux pour
moi d'exposer à vos yeux dans la capitale du

royaume où il naquit, le mécanisme de notre système solaire, que j'ai tenté d'exécuter d'après les hautes et sublimes conceptions de votre immortel compatriote.

Heureux si vous daignez accueillir avec bonté les efforts et le zèle d'un Français qui a consacré les plus belles années de sa vie à célébrer les œuvres de l'Éternel, et à propager le nom et la gloire du grand Copernic (1)!

---

(1) Ce discours, que tous les journaux de Varsovie se sont empressés de publier le lendemain, fut couvert d'applaudissemens, et suivi d'une invitation de la part du grand-duc Constantin de me rendre avec le Mécanisme à son palais du Belvédère, où quatre séances de plus de trois heures chacune ont eu lieu, tant pour faire à S. A. I. et R., ainsi qu'à son adorable et vertueuse épouse, à son fils, et autres personnes présentes, l'explication de tout le système du monde, que pour répondre aux innombrables questions que ledit grand-duc ne cessait de me faire sur tous les sujets qui ont quelques rapports avec l'astronomie.

Ayant eu soin, après chaque séance, d'en écrire une narration succincte, je m'étais proposé de la faire imprimer ; mais plusieurs membres de l'Institut de France, auxquels j'ai soumis mon manuscrit, m'ayant représenté qu'il y aurait peut-être de l'indiscrétion à rendre publics des entretiens confidentiels avec les princes, cette considération a suffi pour en empêcher la publication.

(Voir à la fin l'article : *Voyage en Russie et en Pologne*).

INTRODUCTION

A LA CONNAISSANCE DE L'UNIVERS.

.. Il n'y a pas lieu d'être surpris si les premiers hommes qui portèrent leurs regards vers la voûte céleste, frappés du spectacle immense de corps lumineux, si nombreux, de diverses grandeurs, et tous dans un mouvement apparent à l'égard de l'observateur, commencèrent à penser et à tenir pour certain que cet appareil infini des cieux ait été destiné par la main créatrice à l'ornement et à l'utilité de cette Terre, qui seule leur paraissait immobile au milieu de tant de globes qui leur semblaient errer autour d'elle.

.. Mais l'erreur se découvrant par degrés, et la progression des temps augmentant les observations et les connaissances astronomiques, cette première idée dût bientôt s'affaiblir; et à mesure que l'immensité s'agrandissait aux regards observateurs, la Terre diminuait à leurs yeux.

C'est à l'effet de rectifier et d'éclaircir ces premières idées, autrefois très-obscures, que sont rédigés les élémens les plus généraux et les plus certains de cosmographie que nous allons exposer. Ils suffisent pour nous désabuser sur les apparences, et nous faire marcher d'un pas sûr et facile à la connaissance du véritable système de l'Univers, bien plus digne de la sagesse infinie du Créateur que l'orgueilleux habitant de la Terre ne se l'est figuré pendant nombre de siècles.

Commençons d'abord par considérer la Lune. Son volume paraît à nos yeux égaler celui du Soleil, quoique ce dernier soit environ soixante-huit millions de fois plus gros que celui de la Lune. La raison de cette égalité apparente, et si inégale en réalité, est facile à concevoir. Chacun peut réfléchir et comprendre de suite que plus un corps est éloigné, plus il paraît petit; plus il est rapproché, plus il semble grand.

L'astronomie nous ayant appris que la distance de la Terre à la Lune est de quatre-vingt-six mille lieues, et celle de la Terre au Soleil de plus de trente-quatre millions de lieues, de cette énorme différence dans les distances dérive l'égalité apparente dans les volumes, quoique celui du Soleil soit si supérieur à celui de la Lune.

En portant nos regards au-delà de l'orbe du Soleil, nous découvrons dans le ciel onze globes errans qui ressemblent à la Terre, puisqu'ils sont vus tourner sur eux-mêmes et autour du Soleil. Autour de quatre de ces onze globes, on en voit dix-huit autres plus petits, qui, par leurs formes, leurs phases et leurs mouvemens, ressemblent à la Lune. De temps à autre, on y découvre aussi un troisième genre de corps célestes, appelé *comètes*, dont les lois sont peu connues, et dont il est à présumer que le nombre restera éternellement ignoré.

Ces onze premiers globes, semblables à la Terre, sont appelés planètes, et la Terre elle-même n'est qu'une planète parmi les autres.

Les dix-huit autres corps qui ressemblent à la Lune sont nommés *satellites*, et la Lune, parmi eux, est aussi un satellite, parce que comme elle accompagne toujours la Terre, qui est sa planète, de même les autres suivent leurs planètes respectives,

comme nous le verrons ci-après. L'ensemble
de toutes ces planètes, avec leurs satellites,
occupe dans l'espace un intervalle de plus
de quatre milliards cinq cents millions de
lieues. Les diverses distances qui ont lieu
dans cette presque inconcevable étendue,
sont la raison pour laquelle la majeure partie de ces corps est imperceptible à l'œil
nu, et pour laquelle encore plusieurs, quoique considérablement plus gros que la
Terre, ne nous paraissent dans le ciel que
comme des points lumineux semblables aux
étoiles.

En donnant plus d'essor à nos regards
audacieux, ils semblent pénétrer dans une
immense voûte azurée, où nous apercevons
un nombre infini d'étoiles que nous trou-
vons et nommons *fixes*, à cause de la position et de la distance invariables qu'elles
conservent les unes à l'égard des autres,
tandis que les planètes, quoique confon-
dues en apparence avec les étoiles, se font
distinguer par le mouvement et leur changement de position.

Il résulte des observations célestes, qu'un
intervalle immense sépare la région habitée
des planètes et leurs satellites, de la sphère
des premières étoiles fixes; qu'à cette sphère

en succède une autre, une autre à celle-ci,
et ainsi à l'infini.

D'après ces très-faibles données, on peut
aisément déduire combien était et est erro-
née l'idée matérielle de supposer que le Ciel
est une immense voûte solide, dans laquelle
les étoiles sont fixées comme des clous sur
le bandage d'une roue, ou comme des nœuds
sur le tronc d'un arbre.

Les étoiles, ainsi que le Soleil, la Terre,
la Lune, les planètes et toutes les comètes,
sont libres dans l'espace, et chacun de ces
innombrables globes exécute et continue les
divers mouvemens qui leur furent imprimés
par la volonté du Créateur qui en régla les
immuables lois. Ce qui, dans un temps sé-
rein, paraît à nos yeux comme une voûte
d'azur, n'est que l'incommensurable espace,
le pur éther placé entre nos yeux et les
étoiles, comme entre nous et la Lune les
vapeurs de la Terre se condensent en nuages.

Dans une des plus belles nuits d'hiver,
l'œil nu ne peut découvrir au-delà de treize
cents étoiles; mais à l'aide d'un bon téles-
cope, il voit clairement qu'on peut supposer qu'il en existe des millions de millions,
de manière que ce n'est point une hy-
perbole de comparer les étoiles du ciel,

quant à leur innumérabilité, aux grains de sable de la mer. Quelle doit donc être la distance des corps célestes qui, malgré leur grosseur, restent cependant invisibles à nos yeux !

Il est peu de personnes qui ne connaissent, sous le nom de *Canicule*, cette belle étoile que les astronomes appellent *Sirius*, et que nous voyons briller sur notre hémisphère pendant une très-grande partie de l'hiver. Cette étoile, que l'on considère comme la plus rapprochée de la Terre, en est cependant éloignée, d'après les calculs les plus approximatifs, de plus de six millions de millions de lieues.

Si, à une distance de trente-quatre millions de lieues, le Soleil, quoique quatorze cent mille fois plus volumineux que la Terre, nous paraît tel que nous le voyons, il est certain que cette grandeur apparente diminuant en raison de la distance, s'il était observé de l'étoile de Sirius, il paraîtrait inférieur à cette étoile vue de la Terre, et serait cru lui-même n'être qu'une simple étoile.

Ce Soleil, qui, à cause de sa lumière resplendissante et majestueuse, est par nous appelé, avec raison, l'âme et le flambeau de notre Univers, n'est cependant, à l'égard de plusieurs millions d'étoiles, qu'une étoile lui-même. Chaque étoile est donc probablement un soleil brillant d'une lumière qui lui est propre, et qui, pour n'être pas inutile, doit servir, ainsi que celle du nôtre, à éclairer des globes où la vie et le mouvement doivent régner comme sur la Terre. Il est donc permis de penser que chaque étoile est le centre d'un Univers, ou au moins d'un système complet de corps qui lui appartiennent, et qui se rapproche plus ou moins de notre système solaire.

C'est ainsi qu'à l'aide de ces grandes et sublimes observations, on découvre l'irraisonnable et futile idée des premiers hommes et du vulgaire ignorant, d'après laquelle ce serait pour nous seuls que la création serait restreinte et limitée dans un théâtre d'univers infinis, composé de soleils et de mondes parmi lesquels le nôtre n'est qu'un atome, et pour l'énumération desquels la science du calcul serait peut-être insuffisante.

Il serait donc absurde et contraire à l'idée que nous avons de la puissance infinie du Créateur, de penser que pour nous, habitans de la Terre, ont été créés et mis en mouvement, comme pour nous servir de spec-

tacle ; cette immense série de globes ; connus d'ailleurs d'un si petit nombre d'hommes :
ne serait-ce pas avec raison et avec le même
droit que chaque habitant d'un autre globe,
se croyant le centre immobile d'une circonférence immense de corps en mouvement
qui la peuplent, se croirait le point central,
le but unique que l'Auteur de la Nature a
eu particulièrement en vue dans la création ?

Pour donner encore plus de consistance
et de développement à l'idée qui doit détruire celle de la prétendue immobilité de la
Terre, et de la ridicule et ambitieuse supposition que tout existe pour elle, considérons
que tous les corps célestes observés par les
astronomes ont un mouvement qui est propre
à chacun d'eux ; que leur vélocité est en
raison de la distance de leur centre ; que
leur tendance, leur direction, leur forme,
les élémens dont ils sont composés, leur agi-
tation continuelle et parfaite ; que tout, en
un mot, démontre une destination et une
fin toute particulière.

Est-il raisonnable maintenant de placer
au milieu d'un appareil aussi infini et aussi
admirable de corps en mouvement, un atome
qui seul serait immobile, et le centre commun de tous ces globes qui sont presque

tous d'un volume et d'une masse considérablement supérieurs au sien ?.

Je conclurai en rapportant la sublime
expression de l'ancien Timée de Locres,
attribuée au moderne Pascal :

*L'Univers est une sphère immense, dont
le centre est partout, la circonférence
nulle part.*

Ces indices généraux doivent suffire à
notre entendement : il sera facile à quiconque désire encore mieux élever son esprit à
la grandeur et à la majesté de ces idées, de
le faire en lisant quelques-uns des ouvrages
imprimés sur ce sujet, mais particulièrement
les dialogues aussi ingénieux qu'instructifs.
et divertissans du célèbre *Fontenelle* sur la
pluralité des Mondes.

DE LA FORME

ET DU

MOUVEMENT DE LA TERRE.

Les preuves de la forme globulaire et du mouvement de la Terre sont si multipliées, par les observations astronomiques et par la navigation; et les livres qui traitent de ces deux sciences en contiennent un si grand nombre, que je me bornerai, dans cet opuscule, à en citer seulement quelques-unes des plus faciles à saisir, et qui, par leur simplicité, sont à la portée des personnes les moins versées dans l'une comme dans l'autre de ces sciences.

Je ne parlerai donc ici ni de la manière de s'assurer de la rondeur de la Terre par l'observation des étoiles qui s'abaissent ou s'élèvent à l'horizon, suivant la direction que suit l'observateur, ni des moyens par lesquels on est parvenu à mesurer la circonférence de ce globe, et à s'assurer de son mouvement de rotation par l'aplatissement de ses pôles, etc., etc. Je n'ai point la volonté, et encore moins le talent de faire un traité d'astronomie; et j'ai aussi peu le désir d'entrer dans les calculs et les raisonnemens scientifiques qui ne pourraient intéresser que les savans, à qui, loin d'apprendre quelque chose, je suis redevable du peu que j'ai acquis : les résultats seulement peuvent satisfaire la curiosité de l'immense majorité des lecteurs, dont l'insouciance ou d'autres motifs exigent qu'un auteur précipite le dénoûment de son ouvrage, sans avoir égard aux difficultés d'y parvenir.

La concavité du Ciel et la convexité de la Terre sont confirmées par toutes les personnes qui, même sans avoir été en pleine mer, ont pu voir un vaisseau sortir du port et s'éloigner du rivage. Conformément aux lois de l'optique, à mesure que la distance qui sépare ce vaisseau du port augmente, son volume diminue; puis on le voit s'abaisser peu à peu, jusqu'à ce que la courbe qu'il décrit forme un arc suffisant pour que l'observateur, placé sur le rivage, n'aperçoive plus que les mâts, qui finissent aussi par disparaître à ses yeux, qui croient voir le corps entier du bâtiment se perdre dans l'onde ou s'abaisser sous l'horizon, ainsi que le Soleil nous paraît le faire à son coucher.

Les mêmes effets se produisent aux yeux des personnes qui se trouvent à bord du vaisseau : les parties les plus basses de la Terre, quoique d'un volume très-considérable, sont les premières dont la disparition se fait à leur égard, tandis que les sommités, les tours, les clochers, etc., restent encore long-temps exposés à leur vue; et surtout à celle du marin que son devoir ou la curiosité appelle au haut du mât.

On se trompe en croyant que ces effets ne sont dus qu'à l'intervalle qui sépare le bâtiment du rivage, et dont l'éloignement, suppose-t-on faussement, suffit pour produire ces phénomènes. L'optique nous apprend que de deux objets placés à la même distance, le plus petit échappe à notre vue, quand le plus gros nous reste encore visible. A mesure qu'un ballon s'élève de la Terre dans l'atmosphère, on perd de vue d'abord les voyageurs aériens, et ensuite la frêle nacelle qui les contient; mais le ballon reste confusément aperçu, jusqu'à ce que se précipitant dans les nuages ou par une distance disproportionnée à notre vue, il nous devient totalement invisible. Les mâts d'un vaisseau

étant moins volumineux, et présentant une
surface infiniment moindre que le corps du
bâtiment, devraient donc, dans cette supposition, disparaître les premiers, puisqu'ils
sont adhérens au vaisseau et à la même distance ; il en est de même des tours, etc.
Puisque le contraire arrive ; ce n'est donc
point l'éloignement qui produit ces effets,
mais bien la courbe que décrit le vaisseau sur la surface arrondie des eaux de la
mer.

Cet exemple doit suffire pour faire concevoir que si les îles, les écueils, les continens, etc., ne s'opposaient à la marche
constante d'un vaisseau dans la même direction, il finirait par décrire un cercle entier,
et rentrer dans le même port par un chemin
opposé à celui par où il en serait sorti. C'est
ce qui est arrivé à tous les navigateurs qui,
depuis *Magellan,* ont entrepris le voyage
autour du Monde.

Ayant ainsi acquis la preuve que la Terre
a la forme d'un globe suspendu librement
dans l'espace, et environné de toutes parts
par le Ciel, il nous reste à examiner si ce
globe est dans un état d'immobilité réelle ou
purement apparente.

Si la Terre est immobile, il faut que tout

ce qui l'environne, Soleil, planètes, étoiles, en un mot l'Univers entier, tournent autour d'elle en 24 heures.

Dans cette supposition, la structure de l'Univers serait d'une telle complication, que la raison humaine aurait peine à concevoir qu'elle soit l'œuvre de la sagesse éternelle, et cette complication pourrait peut-être excuser ce mot si fameux du célèbre astronome Alphonse, roi de Castille : « *Que si Dieu l'avait consulté quand il a fait le monde, il l'aurait conseillé à le mieux faire.* » En effet, l'immensité et la diversité des cercles qu'il faudrait supposer, et la singularité des mouvemens particuliers et généraux des planètes et de toutes les étoiles, seraient autant d'objets à la fois inexplicables et incompréhensibles.

Mais si, au contraire, délivrant l'Univers de cet embarras inutile, on parvient, par le simple mouvement de la Terre, à l'explication de tous les phénomènes, alors on reconnaît véritablement la sagesse et la puissance de l'Être infini qui a tout créé, tout fait avec ordre et simplicité.

Puisque tant d'autres globes sont vus se mouvoir dans l'espace, pourquoi la Terre serait-elle moins propre à s'y mouvoir aussi ;

elle, dont le volume et la masse sont infiniment moindres que ceux de plusieurs planètes que nous voyons tourner sur elles-mêmes et autour du Soleil ?

Mais, objecte-t-on, le mouvement de l'Univers autour de nous est sensible ; et celui qu'on attribue à la Terre ne l'est en aucune manière : cette objection est fondée. Mais parce qu'une mouche ne s'aperçoit pas du mouvement d'un vaisseau de cent vingt pièces de canon, sur lequel elle se promène, en est-il moins constant que le vaisseau n'est pas immobile ?

Nous donc, qui sommes, comparativement, plus de cent millions de fois plus petits à l'égard de la Terre, que n'est une mouche à l'égard d'un vaisseau de haut bord, nous devons, tant à cause de la régularité du mouvement de la Terre que de celle de notre petitesse, nous apercevoir plus de cent quarante millions de fois moins de ce mouvement que la mouche de celui du vaisseau dont il s'agit.

Les apparences du mouvement peuvent être démontrées avec la même facilité.

Placé sur une barque que le courant, le vent ou les rames font avancer rapidement, l'observateur n'est-il pas frappé de voir le

rivage fuir, en apparence, en sens contraire
de la direction du bateau ? Combien de fois,
sur mer, n'ai-je pas cru qu'un vaisseau en
panne ou à l'ancre courait sur celui que je
montais, et qui me semblait ne point chan-
ger de place, bien que lui seul faisait la route
que mes yeux attribuaient à celui qui était
véritablement immobile ! et lorsque la direction d'une barque ou d'un vaisseau se fait
circulairement, le Ciel, la Terre, la Mer, etc.,
semblent tellement tourner autour de cette
barque ou de ce vaisseau, qu'un effort extra-
ordinaire de raison contre les sens devient
nécessaire pour se persuader que ce mouvement n'est qu'une illusion.

Dans tous les ports de mer, mais particulièrement à Venise, cet effet, que j'y ai souvent éprouvé, est produit à chaque instant
pour quiconque le désire. L'incomparable
adresse des gondoliers à faire, sur la mer et
dans les canaux, tourner leur gondole sur
elle-même, comme si elle était placée sur
un pivot, produit aux yeux le spectacle
étonnant d'une ville, d'îles, de forts, de vais-
seaux, etc., qui tournent avec vélocité autour de ce frêle esquif.

Si donc ces mouvemens, même celui d'une
voiture ou d'un bateau à vapeur, et beaucoup

d'autres qu'il serait superflu de citer, produisent les illusions que je viens de décrire, est-il surprenant que le mouvement de la Terre se faisant d'occident en orient avec une vélocité qui lui fait parcourir, par chaque heure, trois cent soixante-quinze lieues à son équateur, et plus de vingt-quatre mille dans son orbite, soit la cause du mouvement apparent du Soleil et de tous les corps célestes autour de la Terre, d'orient en occident ?

Que ce soit le Soleil qui tourne autour de la Terre toutes les vingt-quatre heures, ou que ce soit la Terre qui, dans le même temps, fasse une révolution autour de son axe, les effets du jour et de la nuit sont absolument les mêmes ; mais il a été démontré plus haut que ce mouvement du Soleil, et par conséquent de tout l'Univers autour de la Terre, était incompatible avec la grande et harmonieuse simplicité que nous admirons dans les œuvres du Créateur ; et pour rendre sensible, par le moyen d'une comparaison, toute la faiblesse du système de l'immobilité de la Terre, qu'il me soit permis d'en rapporter une extrêmement triviale, mais qui convaincra autant qu'un long raisonnement.

Si dans un lieu quelconque on voyait une alouette immobile et un feu quatorze cent mille fois plus gros qu'elle tourner autour de ce misérable oiseau pour le faire rôtir, quelle idée aurait-on de l'auteur de cet extravagant tournebroche ? Il n'y a personne, pas même un enfant, qui, à la vue d'une aussi ridicule complication, ne conçoive, de prime abord, que pour produire le même effet par le moyen le plus simple, ce serait de faire tourner l'oiseau devant le feu au lieu de faire circuler autour de lui cet énorme foyer. Tel est le cas de l'immobilité ou du mouvement de la Terre.

Nous conclurons donc, en établissant comme une proposition évidemment démontrée, que le mouvement réel de la Terre sur son axe et autour du Soleil produit l'apparence du mouvement de tous les corps célestes autour d'elle.

C'est au grand Copernic, à cet homme immortel, qui, par la rectitude de son vaste génie, a débrouillé le chaos de l'astronomie et fait briller le flambeau de la vérité, que nous devons la connaissance de ce système, fondé sur la raison, d'accord avec les observations célestes. C'est à Kepler ; à Galilée, à Newton, à Laplace ; etc., de qui les pensées profondes. ont, pour ainsi dire, ravi au Créateur le secret des lois qui régissent l'U-nivers, que nous devons l'affermissement inébranlable de ce système.

C'est enfin à ces génies sublimes, vrais oracles de la géométrie, ainsi qu'aux savans astronomes de nos jours, dont les conseils ou les écrits ont guidé mes pas chancelans, qu'est dû l'essai que j'ai osé tenter d'une représentation de ce système, à l'aide du *Mécanisme* dont la description et l'usage sont consignés dans les pages suivantes.

Nota. Depuis plus de trente ans que je propage l'astronomie par mes séances publiques, tant en France que dans les principales contrées de l'Europe, un volume ne suffirait pas pour contenir tous les articles des journaux et des ouvrages littéraires qui en ont fait l'éloge et démontré les avantages qui en résultent pour l'instruction familière.

DESCRIPTION ET USAGE

DU MÉCANISME

DIT

" URANORAMA.

1. Ce mécanisme, qui, d'un coup d'œil, présente l'ensémble général des corps célestes qui constituent le système du Monde, se divise en deux parties, que nous désignerons par les mots d'*intérieure* et d'*extérieure*. Nous nommerons *partie intérieure*, celle qui est comprise dans le cercle horizontal sur lequel sont marqués les degrés de l'écliptique, les douze mois de l'année, etc., qui est composée : 1° du Soleil ⊕ au centre, 2° de Mercure ☿, 3° de Vénus ♀, 4° de la Terre ♁, et 5° de la Lune ☽.

Nous avons donné la dénomination d'*intérieure* à çette première partie, parce que les orbites des planètes qui la composent sont comprises dans l'orbite que la Terre décrit autour du Soleil.

2. C'est par la même raison que nous désignons sous le nom de *Planètes extérieures*, celles dont les orbites comprennent celle de la Terre, etc., et que, pour ce motif, nous avons placées hors du cercle zodiacal, qui doit être considéré comme représentant l'orbite de la Terre.

Les planètes extérieures sont au nombre de huit, et dans l'ordre suivant, qui est celui qu'elles occupent dans le Ciel, savoir : Mars ♂ , Cérès ⚳ , Pallas ⚴ , Junon ⚵ , Vesta ⚶ , Jupiter ♃ ; Saturne ♄ , Uranus ♅.

Jupiter est accompagné de ses quatre satellites, Saturne de sept et de son double anneau, et Uranus de six.

3. Le cercle zodiacal comprend : 1° sur le bord intérieur une division en trois cent soixante degrés, représentant l'écliptique ; 2° les douze constellations du zodiaque, et leur division en trente degrés chacune ; 3° les douze mois de l'année, compris entre deux lignes qui contiennent autant de divisions qu'il y a de jours dans le mois, auquel ces divisions correspondent. Comme ces deux divisions en degrés et en jours sont contiguës, elles servent à faire con-

naître, jour par jour, le lieu du Soleil et de la Terre dans l'écliptique ; 4° enfin, les noms des quatre points cardinaux, ainsi que ceux des seize vents principaux.

4. Le Globe de cristal dépoli, placé au centre du mécanisme, représente le Soleil.

5. La Terre est représentée par un globe sur lequel sont marquées les principales divisions en continens, mers, îles, etc.

La petite boule qui se meut autour de la Terre, par le moyen de la poulie placée sur la bande de cuivre qui ceint la Terre d'un pôle à l'autre, représente la Lune.

6. Entre le Soleil et la Terre est une aiguille (*voyez la figure lettre K*) qui s'élève perpendiculairement, et dont la pointe recourbée vers la Terre, étant appuyée sur celle-ci à volonté, sert à indiquer, pour tous les jours de l'année, le midi de chaque pays, et les points du globe où le rayon central du Soleil tombe perpendiculairement.

7. Comme l'inclinaison de l'axe de la Terre au plan de son orbite, et la conservation du parallélisme de ce même axe pendant la révolution annuelle, font que les deux hémisphères septentrional et méridional sont alternativement exposés au Soleil,

il en résulte naturellement que cette aiguille K semble décrire une spirale qui s'étend d'un tropique à l'autre. Ainsi cette aiguille peut être considérée sous le triple rapport de rayon central solaire, d'écliptique et de méridien.

8. Diamétralement opposée à la Terre, est une autre aiguille de laiton (F), dont l'objet est d'indiquer le lieu apparent du Soleil dans le zodiaque, vu de la Terre.

9. L'axe de la Terre est représenté par les deux pivots sur lesquels elle tourne sur elle-même dans la demi-circonférence de cuivre où elle est comme suspendue.

10. Le pivot supérieur sur lequel la Terre tourne, est nommé pôle arctique, boréal ou septentrional. Le point opposé est appelé pôle antarctique, austral ou méridional.

11. Les cercles polaires, arctique et antarctique, sont figurés sur le globe de la Terre par une traînée de points à vingt-trois degrés et demi des pôles : l'espace compris entre les pôles et les cercles polaires est nommé zone glaciale, à cause du froid que l'absence du Soleil, pendant plusieurs mois de l'année, y produit.

12. La ligne fortement marquée, et qui divise la Terre en deux parties égales, est appe-

lée *équateur* ou *ligne équinoxiale* , parce
que outre la division qu'elle fait du globe terrestre en *hémisphères septentrional et méridional* , il arrive encore que quand les
rayons du Soleil tombent perpendiculairement sur cette ligne , ce qui a constamment
lieu les 2ı mars et 22 septembre de chaque
année , les jours et les nuits sont d'une égalité parfaite sur toute la surface de la terre ,
ce qui produit l'équinoxe.

13. De dix en dix degrés sur les deux hémisphères , sont tracés des cercles parallèles
à l'équateur, dont l'usage est de faire connaître la latitude des divers pays de la Terre,
c'est-à-dire leur distance du pôle ou de l'é-
quateur. Ces cercles sont appelés *parallèles
de latitude.*

14. Entre les deuxième et troisième parallèles de latitude, à la distance de vingt-trois
et demi degrés de chaque côté de l'équateur,
deux cercles figurés par des traînées de
points représentent les deux tropiques, savoir, le *tropique du Cancer* sur l'hémisphère
septentrional, et le *tropique du Capricorne*
sur l'hémisphère méridional.

L'espace renfermé entre les deux tropiques est appelé zone torride ou brûlante ,
parce que deux fois par an les rayons du

Soleil tombent perpendiculairement sur chaque point de cette zone, qui est comme la
limite dans laquelle le mouvement apparent
du Soleil semble être circonscrit , d'où
provient la chaleur qui y règne presque per-
pétuellement.

15. L'équateur est coupé en deux points
opposés par un cercle incliné qui touche les
deux tropiques, aussi en deux points opposés. Ce cercle, qui représente sur la Terre la
route apparente du Soleil dans le ciel, est
celui que l'on nomme écliptique; les deux
points d'intersection où l'équateur et l'écliptique se réunissent, marquent les deux équinoxes; et les deux points où l'écliptique
touche les tropiques indiquent les solstices
d'été et d'hiver, c'est-à-dire les points où
le Soleil est au plus haut ou au plus bas de
sa carrière, et à la plus petite ou plus grande
distance de la Terre, ce que l'on nomme
périhélie et *aphélie*, *périgée* et *apogée*,
et d'où cet astre semble retourner en
arrière.

16. Les intervalles compris entre les tropiques et les cercles polaires sont appelés
zones tempérées, parce que leur situation
entre les zones glaciales et la zone torride
les préserve également des chaleurs trop ar-

dentes de l'été, et des froids trop rigoureux de l'hiver.

17. L'équateur, ainsi que l'écliptique, les tropiques, les parallèles de latitude et les cercles polaires, sont coupés à angles droits par vingt-quatre autres cercles qui se réunissent tous aux deux pôles de la terre, et dont l'utilité consiste à faire connaître les pays qui ont le même méridien et la même longitude, c'est-à-dire midi au même instant, et la distance qu'il y a d'un lieu quelconque situé sur l'un de ces méridiens, au méridien de Paris, par exemple, ou d'un autre pris à volonté.

18. Un peu au-dessous du cinquième parallèle de latitude septentrionale, c'est-à-dire au quarante-huitième degré, et sur la partie du globe où est écrit le mot *Europe*, un petit morceau de cuivre incrusté dans la boule indique la situation de Paris, et sert à démontrer d'une manière aussi claire que précise la variété des longs et des courts jours, ainsi que des saisons, pour cette capitale de l'Europe.

Ayant fait connaître avec assez de détail et aussi succinctement que possible, tant la construction du mécanisme de l'uranorama, que la position et l'utilité des princi-

paux cercles que les astronomes et les géo-
graphes ont imaginés sur le globe terrestre,
pour en faciliter la distribution, et établir
les rapports et la correspondance que ces
mêmes cercles ont avec ceux que le besoin
leur a également fait imaginer dans le ciel,
nous passerons maintenant à l'explication
des principaux phénomènes célestes. Mais
pour mieux prouver la solidité, l'exactitude
et l'admirable simplicité du système de Copernic, dont ce mécanisme est une parfaite
imitation, j'ai pensé qu'il ne serait pas inutile de démontrer en peu de mots la fausseté du système de Ptolémée, qui n'a de
fondement que sur l'illusion produite par
le mouvement réel de la Terre et sur quelques passages de l'Écriture-Sainte.

USAGE DE L'URANORAMA , SUIVANT LE SYSTÈME
DE PTOLÉMÉE.

19. La différence qui existe entre le système de Ptolémée et celui de Copernic consiste en ce que le premier place la Terre
immobile au centre de l'Univers , et fait
tourner toutes les vingt-quatre heures autour d'elle, non-seulement le Soleil, mais
encore l'immensité des Cieux avec tous les

globes qu'ils enserrent. Le second, au contraire, plus profondément pénétré de la grandeur et de la puissance du Créateur, place la Terre au rang des planètes, repousse, combat et détruit cette apparente immobilité, lui rend le mouvement que peut-être l'orgueil humain se plaît à lui ravir, et démontre jusqu'à l'évidence que tous les phénomènes célestes sont dans une harmonie aussi simple que parfaite avec son hypothèse.

20. Si on substitue sur le mécanisme le globe de la Terre à celui du Soleil, et celui-ci à la place de la Terre, on a la représentation du système de Ptolémée.

21. Le Soleil et la Terre étant disposés, ou supposés être disposés, ainsi qu'il est dit dans l'article précédent, si on met le mécanisme en mouvement on remarquera les effets suivans :

1° La Terre, Vénus et Mercure se trouvent compris dans l'orbite du Soleil ; 2° Vénus et Mercure tournent autour de la Terre, sans pouvoir jamais passer derrière le Soleil, tandis qu'étant observés dans le ciel, on les voit tourner autour de cet astre, devant et derrière lequel on les voit passer et s'éclipser alternativement ; 3° ces deux planètes exécutant leur mouvement annuel dans une orbite circulaire autour du centre dé la Terre, doivent paraître en tout temps sous le même diamètre, ce qui est évidemment contraire aux effets que l'on observe pendant le cours de leur révolution, puisque leur grandeur apparente dans le ciel varie tellement, que Vénus est quelquefois visible en plein jour, et paraît comme un petit soleil dans l'univers, et d'autres fois elle semble se perdre dans l'espace et se confondre avec les étoiles de première grandeur; circonstance qui a lieu également pour d'autres planètes, et particulièrement pour Mars, qui, en certains temps, paraît presque aussi grand que Jupiter, et quelquefois si petit, qu'on le peut à peine distinguer d'une étoile fixe; 4° le mouvement de ces deux planètes, Mercure et Vénus, conserve invariablement la même uniformité, tandis que dans les cieux nous les voyons se mouvoir avec des vitesses différentes, quelquefois avec une grande vélocité, d'autres fois avec lenteur, être tantôt stationnaires, tantôt rétrogrades, etc.

.. Tous ces effets bizarres que l'observateur remarque à chaque révolution des planètes, ne pouvant être expliqués ni démon-

trés dans le système de Ptolémée , sinon en
faisant l'étrange supposition que les planètes
se meuvent dans une infinité d'épicycles
plus bizarres encore que les phénomènes
qui en seraient l'objet, sont plus que suffi-
sans pour prouver la fausseté de ce système ,
et le faire rejeter en totalité.

Il serait donc inutile de raisonner plus
longuement sur une hypothèse qui n'a en
sa faveur qu'une simple illusion , que les
faits démentent, et que la saine raison dissipe, comme les rayons du Soleil écartent
les nuages qui obscurcissent son orbe.

REPRÉSENTATION DU SYSTÈME DE COPERNIC.

22. Le Soleil et la Terre étant rétablis
dans leurs positions primitives , on obtient,
la représentation du véritable système du
monde , dont le Soleil occupe le centre et
la Terre le rang de planète.

Les choses étant ainsi disposées, si on donne
le mouvement au mécanisme par le moyen
de la manivelle , tous les phénomènes qui
seront représentés par la combinaison des
mouvemens imprimés aux divers globes
dont il est composé s'accorderont parfaitement avec les observations célestes , et on

3*

ne pourra s'empêcher d'admirer la merveilleuse simplicité avec laquelle le Créateur a
mis en harmonie toutes les parties d'un
ensemble si parfait.

23. On observera, 1° la rotation du Soleil
sur son axe d'orient en occident, ce qui
produit l'apparition et la disparition des
taches de droite à gauche, de la même manière qu'on les voit sur le Soleil même ;
2° on verra Mercure et Vénus décrire leur
orbite autour du Soleil, le premier en quatre-
vingt-huit jours, et la deuxième en deux
cent vingt-quatre ; et par ce mouvement on
sera à même de remarquer leur élongation,
tantôt le matin, tantôt le soir, leur conjonction devant et derrière le Soleil, leur passage sous cet astre, et leurs petite, moyenne
et grande distance de la Terre.

3° On observera également que la plus
grande distance de Mercure au Soleil, vu
de la Terre, n'excède jamais vingt-un degrés,
et celle de Vénus quarante-sept, ce qui rend
difficiles les observations que l'on peut rarement faire du premier dans le ciel, à cause
de sa grande proximité du Soleil, dans les
rayons duquel il se trouve presque constamment immersé ; 4° on remarquera que
Mercure et Vénus, mais particulièrement

Mars , se trouvent quelquefois très-rappro-
chés de la Terre , et d'autres fois très-éloi-
gnés, ce qui arrive à chaque conjonction
ou opposition , d'où il suit naturellement
que leur grandeur apparente doit varier à
nos yeux , en raison de leur plus ou moins
de distance de notre globe , ce qui s'accorde
parfaitement avec les observations célestes ;
5° on voit aussi que le mouvement des planètes ne peut nous paraître régulier , puisqu'à mesure qu'elles se rapprochent de la
Terre, on les voit accélérer leur marche, et
la ralentir à mesure qu'elles s'en éloignent ;
6° le phénomène bizarre des stations et rétrogradations des planètes se produit de la
manière la plus simple et la plus convain-
cante, ainsi qu'il sera plus amplement démontré aux n°s 54 et suivans ; 7° on sera
évidemment convaincu que le mouvement
de rotation de la Terre autour de son axe
produit naturellement l'alternative du jour
et de la nuit, et que son mouvement de
translation dans son orbite autour du Soleil ,
produit l'année ; 8° on ne négligera pas
'observer que l'inclinaison de l'axe de la
Terre, et la conservation du parallélisme de
ce même axe dans tous les points de l'orbite,
produisent la vicissitude des longs et des

courts jours , ainsi que celle des saisons ; 9° on observera avec une égale attention que le mouvement annuel de la Terre dans son orbite n'est pas exactement circulaire , mais qu'elle décrit un épicycle , de manière qu'elle se trouve successivement à diverses distances du Soleil , et en représente le *périhélie* et l'*aphélie;* 10° enfin, on remarquera que la Lune , accompagnant la Terre et tournant autour d'elle en décrivant une orbite inclinée, produit les phases ordinaires , les éclipses , etc.

24. L'article précédent pourrait suffire pour donner une idée générale du système du monde, ainsi que de l'utilité de l'uranorama ; mais comme il convient que les personnes studieuses qui feront usage de ce mécanisme puissent entendre et démontrer, tant séparément que généralement, les phénomènes que je n'ai fait qu'indiquer, j'ai pensé qu'il était à propos de donner quelques exemples qui serviront d'introduction en facilitant la pratique de ces démonstrations. Et comme le Soleil est le flambeau qui versé sur tous les globes qui l'environnent les torrens de lumière, qu'ils se réfléchissent réciproquement , et que la direction perpendiculaire ou oblique de ses rayons pro-

duit le plus ou le moins de chaleur, des jours plus ou moins longs, et une végéta tion plus ou moins active, il est juste de lui donner la préférence sur tous les autres globes du système, C'est donc de cet astre que nous parlerons d'abord.

25. Le Soleil. Tout s'accorde à faire considérer cet astre comme un immense globe enflammé, qui lance autour de lui la lumière, la chaleur, la végétation et la vie, et dont nous éprouvons les effets à plus de trente millions de lieues de distance.

Les observations ont appris que ce globe est quatorze cent mille fois environ plus gros que la Terre; qu'il tourne sur lui-même d'orient en occident en vingt-cinq jours quatorze heures huit minutes; que la lumière jaillit de son orbe en toutes directions et avec tant de vélocité, qu'elle parcourt plus de quatre millions de lieues par minute, puisqu'elle n'en met que huit pour parvenir jusqu'à nous; qu'il se fait à sa surface d'énormes et continuels bouillonnemens et de vives effervescences; que son disque est souvent couvert de taches noires d'une forme irrégulière, et dont le nombre, la position et la grandeur sont extrêmement variables; que l'apparition et la disparition de ces taches,

dont quelques-unes occupent, sur le diamètre du Soleil, un espace de quinze à dix-
huit mille lieues, et quelquefois plus, peuvent faire croire, comme l'ont pensé *Lalande*
et *Herschell*, que le corps du Soleil n'est
qu'une masse solide et obscure, environnée
d'une immense atmosphère composée de
nuages lumineux d'où provient la lumière ;
de sorte que ces nuages, flottant au hasard,
et s'entr'ouvrant par intervalles, laissent
apercevoir le noyau du Soleil, comme du
haut des montagnes et à travers les inters-
tices des nuages on découvre les vallées qui
sont au-dessous (1).

. Les observations ont également appris à

---

(1) Ce n'est qu'après la découverte du téles-
cope que les taches du Soleil ont pu être connues. C'est en 1611 qu'elles furent observées pour
la première fois, et presque en même temps par
Fabricius, à Wittemberg ; par le jésuite *Scheiner*
et par *Galilée*. Ce dernier suivit leur marche et
développa les particularités de leur mouvement
avec tant de soin et d'exactitude, qu'on n'a presque rien ajouté depuis aux descriptions qu'il a'
données. Ces taches, d'ailleurs, ne peuvent avoir
aucune influence sur la température de notre atmosphère.

Herschell et à d'autres astronomes que la surface du Soleil est couverte de montagnes très-hautes, dont les sommets paraissent au-dessus de la matière lumineuse, et offrent l'apparence de taches noires, d'où il résulterait que la végétation et même la vie pourraient exister sur ce globe que nos yeux ne peuvent fixer à cause de l'embrasement général et perpétuel dans lequel il paraît être, et de l'incapacité où nous le supposons de contenir aucun être organisé.

26. MERCURE. Le petit globe qui est le plus voisin du Soleil représente la planète *Mercure*. Le volume réel de cette planète est de moitié environ plus petit que celui de la Terre ; sa distance du Soleil est de quatorze millions quatre cent quarante-sept mille lieues ; il tourne sur son axe en vingt-quatre heures cinq minutes, et autour du Soleil en quatre-vingt-sept jours vingt-trois heures quinze minutes, pendant lequel temps l'observateur placé sur la Terre le voit paraître sous les différentes phases que la Lune nous présente dans le cours d'un mois. On suppose que la lumière et la chaleur qu'il reçoit du Soleil sont huit fois plus grandes que celles que nous en recevons.

Cette planète, étant comme les autres,

privée d'une lumière propre, et ne recevant celle du Soleil que sur l'hémisphère exposé vers cet astre, il doit arriver, et il arrive en effet, que dans le temps de ses conjonctions inférieures, c'est-à-dire quand la planète est interposée entre le Soleil et la Terre, la moitié non éclairée étant tournée vers nous, dérobe la planète entière à nos regards. Mais à mesure qu'elle change de position, et que l'hémisphère éclairé se trouve plus ou moins exposé vers la Terre, elle doit nous apparaître, tantôt sous la forme d'un croissant, tantôt sous celle d'une demi-lune, etc.

Dans les conjonctions supérieures, qui arrivent au moment du passage de Mercure derrière le Soleil, il est évident que nous devons le perdre de vue pour un temps plus considérable que dans les conjonctions inférieures, puisque tournant autour du Soleil dans le sens du mouvement de la Terre, cette conjonction supérieure se prolonge naturellement. On voit encore que cette planète étant très-près du Soleil, les rayons de cet astre, comme je l'ai dit plus haut, forment un obstacle invincible à ce qu'elle soit vue de nous dans aucune autre position que dans celle des quadratures, c'est-à-dire quand elle est éloignée du Soleil , par rapport à nous, de trois signes du zodiaque, et qu'elle se trouve sur le côté de cet astre.

27. Vénus est la seconde planète dans l'ordre du système ; elle est représentée par le petit globe qui suit immédiatement celui de Mercure ; son diamètre réel est presque égal à celui de la Terre, sa distance au Soleil est de vingt-six millions huit cent mille lieues ; elle tourne sur son axe en vingt-trois heures vingt-une minutes, et autour du Soleil en deux cent vingt-quatre jours seize heures quarante-une minutes ; la lumière et la chaleur qu'elle emprunte du Soleil sont évaluées deux fois supérieures à celles qu'en reçoit la Terre. C'est la plus brillante planète de notre système , et dont la splendeur éclatante la fait aisément distinguer. On la voit quelquefois le soir à l'Occident, peu après le coucher du Soleil, et quelquefois le matin précéder son lever, ce qui lui fait donner les noms d'*Étoile du soir* et d'*Étoile du matin*, et celui de *Vénus*, à cause de sa beauté. On la nomme aussi *Lucifer* quand elle précède le Soleil, et *Vesper* lorsqu'elle le suit.

Ainsi que Mercure, Vénus présente à l'œil de l'observateur, aidé d'un télescope, les différentes phases de la Lune, mais plus visiblement et plus long-temps, ce qui prouve qu'elle tire aussi sa lumière du Soleil; ses apparitions, tantôt le soir et tantôt le matin, ses conjonctions inférieures et supérieures, ses passages sous le Soleil, ses élongations, ses stations et rétrogradations, etc., sont représentées sur l'uranorama avec la plus grande exactitude.

Quelques montagnes très-hautes, presque toutes d'une forme conique, imitant les chaînes des Alpes et des Pyrénées, sont très-distinctement vues sur le disque de Vénus, dont l'atmosphère est assez sensible pour avoir permis à M. *Schroëter*, astronome allemand, d'en calculer et déterminer la hauteur, qu'il a trouvée être de seize lieues environ. Il y a donc lieu de présumer que ce globe n'est point inhabité, puisqu'il est favorisé de tous les élémens propres à la végétation et à la nutrition.

Quelquefois, mais très-rarement, à cause de l'inclinaison de leurs orbites, *Mercure* et *Vénus* passent directement entre le Soleil et la Terre. Ces planètes forment alors sur le disque du Soleil de petites taches rondes et noires, qui sont véritablement des éclipses particulles du Soleil, et auxquelles les astronomes ont donné le nom de *Passage de Mercure* et de *Vénus*. Ces phénomènes, ignorés des anciens, prédits par *Copernic* avant l'invention du téles-cope, donnent la preuve irrécusable du mouvement de ces deux planètes autour du Soleil. Cette circonstance seule suffirait pour faire rejeter tout système qui tendrait à établir que la Terre est le centre et le pivot autour duquel l'Univers entier tourne en vingt-quatre heures, attendu que ces deux planètes ne peuvent avoir en même temps le Soleil et la Terre pour centre.

28. LA TERRE occupe le troisième rang dans l'ordre du système. Sa forme est celle d'un sphéroïde, un peu aplati vers les pô-les ; son diamètre réel est de deux mille huit cent soixante-quatre lieues, et sa cir-conférence de neuf mille lieues. Sa dis-tance moyenne au Soleil est de trente-quatre millions cinq cent quatorze mille neuf cent quatre-vingts lieues, de deux mille deux cent quatre-vingts toises ; elle tourne sur elle-même en vingt-quatre heures, parcourant trois cent soixante-quinze lieues par heure à son équateur, ou six lieues un sixième par minute. Elle accom-plit sa révolution annuelle autour du Soleil

en trois cent soixante-cinq jours cinq heures quarante-neuf minutes, dans une orbite dont la circonférence est de deux cent treize millions trois cent vingt-sept mille quatre-vingt-cinq lieues, ce qui exige un mouvement de translation, dont la vélocité imprimée à la Terre lui fait parcourir vingt-quatre mille trois cent cinquante lieues par heure, ou quatre cent cinq lieues et demie par minute. C'est à la rapidité de ces deux mouvemens combinés que sont dues toutes les apparences, tant de l'immobilité de la Terre, que du mouvement général de tous les corps célestes autour d'elle; car si le mouvement d'un bateau produit à nos yeux l'illusion du rivage qui semble fuir en sens contraire de la direction de ce bateau, que ne doit pas être celle produite par un mouvement de près de vingt-cinq mille lieues par heure?

29. En imprimant le mouvement au mécanisme, on voit tourner la Terre sur son axe, et représenter l'alternative du jour et de la nuit, puisque les diverses parties du globe se trouvant successivement éclairées par le Soleil, passent naturellement de la lumière à l'obscurité.

30. Tandis que la Terre fait sa révolution diurne, on la voit aussi avancer dans

son orbite, et y décrire une ellipse imitant celle qu'elle décrit dans l'espace ; je ne dissimule point que je ne considère comme une circonstance heureuse le moyen infiniment simple par lequel je suis parvenu à produire cette ellipse dont l'effet est de représenter les diverses distances de la Terre au Soleil dans tous les points convenables, c'est-à-dire l'*aphélie* ou plus grande distance, quand l'aiguille indicatrice du Soleil entre dans le signe de l'Écrevisse, et la Terre dans celui du Capricorne, ce qui a lieu le 21 juin, au moment du solstice d'été ; le *périhélie,* ou plus petite distance, quand l'indicateur du Soleil et la Terre se trouvent dans les mêmes points de l'Écrevisse et du Capricorne, mais dans une situation opposée à la première, ce qui arrive le 21 décembre, au solstice d'hiver ; la moyenne distance est celle des deux équinoxes.

En prenant avec un compas la mesure de ces diverses distances, on reconnaîtra que dans l'hiver la Terre est d'un 40ᵉ environ plus près du Soleil que dans l'été.

31. Le mouvement de translation de la Terre dans son orbite, où elle conserve l'inclinaison et le parallélisme de son axe, produit une parfaite représentation de la variété

des jours et des saisons, ainsi que nous allons essayer d'en faire la démonstration.

Placez la Terre au premier degré du signe de la Balance, qui correspond au 21 septembre, l'indicateur solaire opposé à la Terre marquera sur le cercle zodiacal le lieu apparent du Soleil dans l'écliptique, au premier degré du Bélier, correspondant au 21 de mars ; si dans cette position vous appuyez sur la Terre l'aiguille (n° 6) indicatrice du rayon perpendiculaire du Soleil, elle touchera l'équateur, et démontrera que, le 21 mars, la lumière du Soleil se propageant aux deux pôles, produit nécessairement une égalité parfaite de jour et de nuit par toute la Terre, ce qui est appelé équinoxe.

32. En faisant marcher le mécanisme, et opérant par son mouvement le changement de position de la Terre, on remarquera que l'équilibre du jour et de la nuit ne peut exister qu'un seul jour ; car, du moment où la Terre abandonne le point équinoxial, l'égalité entre le jour et la nuit cesse, et dès ce moment le jour commence à surpasser la nuit sur l'hémisphère septentrional, et *vice versâ* sur le méridional.

33. En continuant l'action du mécanisme

dans l'ordre des signes du zodiaque, on obtient par le double mouvement de la Terre, sur elle-même et dans son orbite, et par l'inclinaison et la conservation du parallélisme de son axe, une représentation parfaite des quatre saisons de l'année. On remarquera, 1° que le pôle septentrional, prenant peu à peu une position plus directe avec le Soleil, en reçoit une augmentation de lumière, d'où provient l'accroissement progressif du jour sur cet hémisphère, et sa diminution sur l'hémisphère opposé; 2° on observera en outre que ce même pôle septentrional ne perd point le Soleil de vue depuis l'équinoxe du printemps jusqu'à l'équinoxe d'automne, ce qui produit un jour continu de six mois, sans aucune alternative de nuit, et *vice versâ* pour l'autre pôle; 3° on remarquera encore que la brièveté et la longueur des jours et des nuits sont plus considérables dans les climats qui se rapprochent des pôles que dans ceux qui sont voisins de l'équateur, parce que les parallèles de latitudes se rétrécissant à mesure de leur proximité du pôle, se trouvent éclairés ou privés de lumière, dans la proportion de leur circonférence, etc.

34. Tandis que la Terre parcourt les signes

de la Balance, du Scorpion et du Sagittaire,
il est facile, par le moyen de l'indicateur du
rayon central du Soleil, de connaître jour
par jour tous les pays de la Terre qui sont
situés entre l'équateur et le tropique du
Cancer, qui ont le Soleil à leur zénith ou
perpendiculairement sur eux à midi.

Pour exemple de la solution de ce pro-
blème, supposons que le 20 avril soit le jour
donné ; faites marcher le mécanisme jusqu'au
moment où l'indicateur solaire marque sur
le zodiaque le premier degré du signe du
Taureau, qui correspond au 20 avril; cessez
le mouvement du mécanisme, et dans la
position où se trouve la Terre, faites-la tourner sur son axe avec la main, et de l'autre
appuyez légèrement l'indicateur du rayon
central sur le globe ; tous les pays qui pas-
seront sous cet indicateur, savoir, une partie
de l'isthme de Panama, du pays des Nègres,
et de l'Abyssinie en Afrique, du détroit de
Babel-Mandel, du Malabar, des golfes de
Bengale et de Siam, quelques-unes des
îles Philippines, etc., sont ceux qui, le
20 avril, ont le Soleil vertical, et dont
les habitans ne produisent aucune ombre
à midi.

35. Quand la Terre arrive au premier de-

gré du Capricorne , et l'indicateur du Soleil au premier degré de l'Écrevisse , ce qui a lieu le 21 juin, l'indicateur du rayon central marque sur la Terre le tropique du Cancer. Ce moment est celui du solstice d'été, et du plus long jour de l'année pour la partie septentrionale de la Terre, et *vice versâ* pour la méridionale.

36. Comme on a dû remarquer que l'accroissement des jours pour l'hémisphère septentrional commence le 21 décembre au solstice d'hiver, et continue jusqu'au solstice d'été, on voit également que leur diminution, à partir de ce point, s'effectue avec la même précision jusqu'au retour au solstice d'hiver.

37. L'équinoxe d'automne se produit au moment où la Terre entre dans le signe du Bélier, et le Soleil dans celui de la Balance ; dès ce moment le pôle septentrional perd de vue le Soleil qu'il ne revoit que six mois après, c'est-à-dire à l'équinoxe du printemps : c'est le contraire pour le pôle opposé.

38. En continuant le mouvement du mécanisme, on achève la révolution annuelle de la Terre , qui se trouve accomplie lors-

qu'elle arrive au premier degré du signe de la Balance, d'où elle était partie.

39. Comme les mouvemens diurne et annuel de la Terre se font d'occident en orient, suivant l'ordre des signes du zodiaque, on voit par ces mouvemens pourquoi le Soleil paraît se lever à l'orient et se coucher à l'occident, et pourquoi il éclaire l'Asie avant l'Europe et l'Afrique, et ces continens avant celui de l'Amérique, etc.

. On voit par la même raison que chaque point du globe ayant son méridien fixe, on en change insensiblement à chaque pas que l'on fait, soit vers l'orient, soit vers l'occident ; mais en allant directement au nord ou au sud, le méridien ne varie point, et un voyageur qui serait porteur d'une montre bien réglée au midi de l'observatoire de Paris, par exemple, trouverait à son arrivée à Dunkerque ou à Carcassonne, que sa montre marque exactement l'heure de l'une et de l'autre de ces villes, quoique séparées par un intervalle de près de deux cents lieues ; c'est que Dunkerque et Carcassonne ont le même méridien que Paris ; mais si ce même voyageur va de Paris à Brest, le midi de sa montre précèdera de vingt-huit minutes ou environ celui de Brest ; s'il va à Constance ou à Milan, elle sera en retard de la même quantité; c'est que le méridien de Constance et de Milan est à sept degrés environ de longitude orientale de celui de Paris, et que le méridien de Brest en est à une longitude occidentale du même nombre de degrés. C'est ainsi qu'on parvient à la démonstration de la semaine aux trois jeudis.

4o. Par tout ce qui a été dit et démontré ci-dessus, il est évident que malgré la différence de longueur des jours et des nuits dans les divers climats, la lumière et l'obscurité, le chaud et le froid s'y trouvent cependant distribués avec une égalité admirable; car si un jour continu de six mois aux pôles est suivi d'une nuit de même durée; le jour et la nuit constamment de douze heures à l'équateur, se renouvelant trois cent soixante-cinq fois dans le cours d'une année, donnent des quantités absolument semblables. Il en est de même pour tous les autres climats.

Il reste également démontré que le printemps, l'été, l'automne et l'hiver règnent alternativement sur les deux hémisphères, et qu'enfin l'aurore, le crépuscule, midi et minuit, etc., ne cessent de se renouveler à chaque instant pour quelques pays de la

Terre, puisque le lever du Soleil pour nous en est le coucher pour les îles des Amis dans la mer du Sud, et *vice versâ*.

41. Par le mouvement elliptique de la Terre autour du Soleil, et que j'ai démontré au n° 30, son plus grand rapprochement de cet astre s'effectue au solstice d'hiver, et son plus grand éloignement au solstice d'été, ce qui semble être en opposition avec les effets du froid et du chaud que nous éprouvons dans ces deux saisons. Mais si on observe attentivement le mouvement de la Terre et ses diverses positions pendant sa révolution annuelle, on ne tardera pas à être convaincu qu'il n'y a rien de surprenant dans ces effets, dont la cause est dans l'inclinaison de l'axe de la Terre.

42. En effet, quand la Terre, dans le mois de juin, parcourt le signe du Capricorne, et que l'indicateur du Soleil parcourt le signe opposé qui est l'Écrevisse, elle est plus éloignée du Soleil que dans le mois de décembre, où elle se trouve dans une position contraire. Mais dans le mois de juin, le Soleil est-perpendiculaire au tropique du Cancer, et ses rayons ont quarante-sept degrés de moins d'inclinaison pour nous qu'ils n'en ont dans le mois de décembre. La chaleur que

nous éprouvons doit donc être en raison de
la direction plus ou moins oblique de ces
mêmes rayons, et à peu près dans la proportion de celle que nous éprouvons, en
mettant la main au-dessus ou sur le côté
d'une bougie allumée. Dans la première de
ces positions, la chaleur est très-vive ; dans
la seconde elle l'est beaucoup moins.. .

43. Comme le plus ou le moins d'éloignement et d'obliquité du Soleil produit une
température de chaud et de froid plus ou
moins considérable, il doit y avoir, et de
fait il y a sur l'hémisphère méridional plusieurs degrés de l'un et de l'autre en plus
que sur le septentrional ; c'est que l'été du
premier a lieu pendant que la Terre est à
son périhélie, et l'hiver quand elle est à son
aphélie.

44. La Lune est représentée sur l'uranorama par le petit globe blanc dont le support
est fixé sur la poulie de cuivre qui la fait
mouvoir autour de la Terre : la position de
cette poulie et l'excentricité dudit support
font faire à la Lune un mouvement elliptique dont l'inclinaison au plan de l'orbite de
la Terre contribue à produire les phases ordinaires, ainsi que les éclipses de soleil et de
lune, sinon avec la rigoureuse précision

que les astronomes pourraient désirer, ce qui
est impossible à cause de l'insurmontable
disproportion des volumes et des distances
des globes, mais au moins avec assez d'éxac-
titude pour démontrer, d'une manière satisfaisante, la cause et les effets de ces phénomènes curieux et intéressans.

45. De tous les corps célestes dont l'Univers est peuplé, la Lune est celui qui est le
plus voisin de la Terre, et qui, après le Soleil, en est le plus important et le plus utile.
Sa plus grande distance de notre globe
n'excède jamais quatre-vingt-quatorze mille
lieues; son volume réel est cinquante fois
environ plus petit que celui de la Terre; sa
forme est globulaire, et sa surface est couverte
de montagnes, d'abîmes, de volcans, etc.,
ce qui, malgré la rareté de son atmosphère, la rend susceptible d'être habitée par
une multitude d'êtres diversement orga-
nisés.

Ce globe appartient à la Terre, dont il
est le satellite, et autour de laquelle il fait
une révolution en vingt-neuf jours douze
heures quarante-quatre minutes, en nous
présentant invariablement le même hémisphère; ce qui prouve qu'il fait une seule révolution sur son axe pendant les vingt-neuf

jours et demi qu'il emploie pour en faire une autour de la Terre. De ce que pendant son cours la Lune éclipse successivement le *Soleil*, les *planètes* et les *étoiles* devant lesquels elle passe, on en déduit naturellement que ces corps sont placés dans des sphères supérieures à la sienne, puisque, dans le cas contraire, ce serait elle, et non eux, qui serait éclipsée par ce passage intermédiaire. Ainsi que la Terre et toutes les autres planètes, la Lune reçoit du Soleil la lumière dont elle brille à nos yeux, et qui, dans certains temps, abrége ou dissipe l'obscurité de nos nuits. Cette lumière est réfléchie vers la Terre où elle arrive trois cent mille fois plus faible que celle qui nous parvient directement du Soleil; et comme il ne peut y avoir de doute que la Terre est à la Lune ce que celle-ci est à notre égard, il en résulte que la quantité de lumière réfléchie de la Terre sur la Lune, étant proportionnée au diamètre des globes, et à leur plus ou moins d'aptitude à ce reflet, la Lune, pour cette raison, doit se trouver trois fois environ plus éclairée par la Terre que celle-ci ne l'est par la Lune. La lumière cendrée qu'on aperçoit sur ce globe dans ss premmiers et derniers quartiers, n'étant elle-même qu'un

contre-reflet de celle de la Terre, pourrait
peut-être servir de preuve à ce raisonnement. Nous concluons donc en disant que si
la Lune est le flambeau de nos nuits, la Terre
est aussi le flambeau des nuits de la Lune,
avec toutes les circonstances que nous re-
marquons dans celle-ci, son mouvement
diurne excepté. Ainsi notre globe fait les
fonctions de lune pour la Lune elle-
même.

46. Quand le mécanisme est en action,
on voit la Lune se mouvoir autour de la
Terre, et y faire une *révolution* en vingt-
neuf jours et demi, de manière que, pendant que la Terre fait la *sienne* autour du
Soleil, la Lune en fait douze et *demie* à peu
près autour de la Terre, ce qui est en parfait rapport avec le nombre qu'elle y fait en
réalité.

47. Comme l'hémisphère de la Lune
tourné vers le Soleil est le seul qui en soit
éclairé, il est évident que quand elle se
trouve entre le Soleil et la Terre, son hémisphère obscur étant tourné vers nous, elle
doit nous être totalement invisible. C'est
la position où elle se trouve aux époques
que nous appelons *nouvelle lune.*

48. A mesure que la Lune change de po-

sition, et que son éloignement du Soleil agrandit l'angle qu'elle forme avec cet astre et la Terre, son hémisphère éclairé se présente graduellement à nos yeux ; ce qui produit périodiquement les diverses phases sous lesquelles elle nous apparaît : d'abord sous la forme d'une faucille ou croissant argenté ; bientôt après sous l'aspect d'une demi-lune que nous nommons le *premier quartier ;* ensuite sous l'apparence d'un ovale irrégulier, et enfin comme un cercle parfait et lumineux auquel nous avons donné le nom de *pleine lune ;* ce qui n'a lieu que quand ce globe arrive dans la position inverse de la nouvelle lune, c'est-à-dire quand elle est en opposition avec le Soleil à l'égard de la Terre, qui dans ce cas occupe la place intermédiaire que la Lune occupait quatorze jours auparavant.

Le décroissement progressif de la Lune se produit en raison inverse de son accroissement, ainsi qu'on le voit sur l'Uranorama.

49. Pour rendre ces effets, et surtout ceux des éclipses de soleil et de lune, avec une vérité frappante, il suffit de substituer à la place du Soleil, une petite bougie dont la flamme doit correspondre à l'équateur de

la Terre : alors tous les phénomènes seront représentés de manière à convaincre les yeux et l'esprit en même temps.

50. On observera d'abord que quand la Lune est interposée entre le Soleil et la Terre, elle projette sur ce dernier glôbe une ombre qui, selon sa grandeur et sa direction, prive momentanément de la présence totale ou partielle du Soleil les contrées où cette ombre est projetée. C'est la représentation fidèle d'une éclipse totale ou partielle du Soleil, qui serait plus exactement nommée éclipse de la Terre; puisque dans cette circonstance, c'est elle, et non le Soleil, qui est privée de lumière.

51. En faisant marcher le mécanisme, on découvre bientôt la raison qui rend les éclipses de soleil d'une durée très-courte. La petitesse de la Lune comparativement au Soleil et à la Terre, sa distance de l'un et de l'autre de ces deux globes, son mouvement autour de la Terre et le mouvement de celle-ci sur son axe et dans son orbite, sont autant de causes qui contribuent à la brièveté des éclipses de Soleil, dont la centralité occasione sur les points de la Terre où elle s'effectue une obscurité subite et profonde qui surprend et effraie les animaux, et

qui permet de voir les étoiles comme en pleine nuit.

52. Puisque l'interposition directe de la Lune entre le Soleil et la Terre produit le phénomène des éclipses du Soleil, l'interposition directe de la Terre entre ces deux astres doit donc aussi produire sur la Lune le même effet que celle-ci opère sur la Terre, et être par conséquent la seule, la véritable cause des éclipses de Lune. C'est aussi ce qui arrive ; et comme le diamètre de la Terre surpasse de beaucoup celui de la Lune, que l'ombre conique du globe terrestre s'étend à une distance de trois cent vingt-quatre mille lieues, et que la Lune ne traverse cette ombre qu'à une distance de quatre-vingt-six à quatre-vingt-quatorze mille lieues de sa base, il en résulte que les éclipses de lune sont généralement plus fréquentes et d'une durée beaucoup plus longue que celles du Soleil.

Il arrive aussi, et cela doit être, qu'au milieu de sa carrière et de la plus belle nuit, ce globe disparaît presque tout à coup du firmament, et ne semble être rendu à la Terre qu'après un intervalle qui peut s'étendre jusqu'au-delà de deux heures ; tandis que dans les éclipses de soleil, il s'étend rarement au-delà de deux minutes. Il est aussi à remarquer que la disparition de la Lune au moment d'une éclipse totale, s'opère dans le même instant pour tout l'hémisphère de la Terre qui est tourné vers cet astre, ce qui provient de son immersion subite dans l'ombre dont nous venons de parler. On remarquera également que nos éclipses de soleil sont autant d'éclipses partielles de terre pour la Lune, et que nos éclipses de lune le sont de soleil pour celle-ci, puisque l'interposition et l'opacité de la Terre s'opposent à la transmission des rayons solaires sur le globe de la Lune. Enfin on observera que comme l'orbite de la Lune est inclinée au plan de celle de la Terre, le phénomène des éclipses ne peut se produire dans toutes les conjonctions et oppositions, mais seulement dans le cas où les nouvelles et pleines lunes arrivent dans le voisinage ou à l'intersection de ces deux orbites, intersection que les astronomes désignent par *nœuds de la Lune,* ou de *l'orbite lunaire,* et qui sont rendus palpables sur l'uranorama.

53. Si, après avoir attentivement observé le mouvement et les révolutions du Soleil, de Mercure, de Vénus, de la Terre et de la

Lune, pris chacun en particulier, on jette
un regard sur le mouvement général de ces
cinq globes, on les voit à chaque instant
prendre de nouvelles positions les uns à
l'égard des autres, et par la combinaison
du mouvement particulier à chacun d'eux,
produire une multitude de phénomènes
dont la représentation sur le mécanisme est
si frappante, qu'une description détaillée
deviendrait superflue. Nous passerons donc
aux

STATION ET RÉTROGRADATION DES PLANÈTES.

54. De tous les phénomènes produits par
le mouvement des corps célestes, il n'en est
peut-être aucun dont la bizarrerie ait si long-
temps embarrassé les astronomes, que celui
des stations et rétrogradations des planètes,
et il n'en est aucun qui puisse offrir des
preuves plus évidentes de la solidité du système de Copernic, dont la merveilleuse
simplicité s'accorde parfaitement avec ces
bizarreries apparentes.

55. Toutes les planètes font leur mouvement d'occident en orient dans l'ordre
des signes du zodiaque. Ce mouvement est
d'une régularité parfaite, et cependant il

semble être d'une irrégularité extravagante ;
car il nous paraît tantôt direct, tantôt suspendu, et tantôt rétrograde. Ces apparences
n'auraient point lieu, si les planètes tour-
naient véritablement autour de la Terre,
car alors leur mouvement paraîtrait toujours régulier et dirigé dans le même sens,
comme il l'est réellement, lorsqu'on le
rapporte au centre du Soleil.

56. Avant et après les conjonctions ou
oppositions des planètes avec la Terre, les
premières paraissent suspendre leur marche
et rester immobiles pendant un certain
nombre de jours, qui croît en raison de leurs
distances respectives au Soleil ou à la Terre.

Après cette *station* ou ce repos apparent,
la planète cesse d'être *stationnaire*, le
mouvement semble lui être rendu, mais
c'est pour aller plus vite et en sens contraire
de celui dans lequel elle allait avant sa station.

57. Pour rendre sur l'uranorama ces effets
qui sont communs à toutes les planètes dans
le ciel, j'y ai adapté un petit appareil que je
nommerai *Appareil des rétrogradations*,
à l'aide duquel une simple démonstration
suffit, non-seulement pour découvrir la
cause de ces bizarreries, mais encore pour

être convaincu que cette cause est tout entière dans le mouvement de la Terre et des planètes autour du Soleil.

Cet appareil, qui fait partie du mécanisme, et qui est représenté sur la gravure par A B C D, consiste en une longue aiguille de laiton, percée transversalement au point D, de manière à la pouvoir placer sur la pointe allongée de l'axe E, autour duquel tourne la poulie qui soutient la Lune, et lui donne le mouvement. La partie subtile de cette aiguille doit être placée entre les deux points de la petite fourchette mobile C, qui se place à volonté sur l'un ou sur l'autre des petits globes qui représentent Mercure ou Vénus.

Cette aiguille, ainsi disposée, représente le rayon visuel d'un observateur, qui de la Terre suit dans le ciel le mouvement de la planète pendant le cours d'une révolution. La pointe de l'aiguille montre sur le zodiaque les signes et les degrés dans lesquels l'observateur voit correspondre la planète en question.

58. En donnant le mouvement au mécanisme, on observera avec une sorte d'étonnement que quand le globe, porteur de cet appareil, approche de sa conjonction inférieure avec la Terre, la pointe de l'ai-

guille à laquelle, pour plus d'évidence
encore, on peut adapter une très-petite bille
de bois ou autre, s'arrête tout à coup, et
reste quelque temps dans un état d'immobilité absolue, bien que le mouvement
de la planète autour du Soleil n'éprouve ni
suspension ni aucune espèce d'altération.
Bientôt cette immobilité cesse; mais au lieu de
reprendre son mouvement direct dans le sens
qu'elle avait avant son repos, cette aiguille
prend une direction contraire, et retourne
en arrière; en accélérant sa marche pendant
tout le temps que dure le passage de la planète entre le Soleil et la Terre, et dont le
terme est une autre immobilité semblable à
la première. Le terme de ce nouveau repos
expiré, le mouvement recommence; mais
alors il se fait dans la direction des signes,
jusqu'au moment où le corps de la planète,
se rapprochant de la Terre, se trouve sur
le point de produire une nouvelle conjonction et les mêmes effets que nous venons de
décrire.

Cette immobilité de l'aiguille dans les
deux points de la tangente des deux globes,
son mouvement rétrograde et accéléré, sont
évidemment la représentation fidèle des
stations, *accélérations* et *rétrogradations*

apparentes des planètes, dont les époques et
la durée sont aujourd'hui calculées par les
astronomes avec une précision aussi admirable que celle des éclipses, etc.

59. La cause de ces phénomènes dérive
de la différence des mouvemens des planètes
inférieures, Mercure et Vénus. Ces planètes
tournant autour du Soleil dans le même
sens que la Terre, mais en moins de temps,
doivent paraître directes dans leurs conjonctions supérieures, et rétrogrades dans les
inférieures. Mais entre le mouvement direct
et le mouvement rétrograde, il y a nécessairement un instant de repos, un temps où
la planète semble stationnaire ; elle cesse
alors d'être directe, elle est au moment
d'être rétrograde, mais elle n'est ni l'un ni
l'autre ; elle marque seulement le point tan-
gentiel ou d'union où se touchent les arcs
de direction et de rétrogradation.

60. Les planètes supérieures font à
l'égard de la Terre ce que celle-ci fait à
l'égard des planètes inférieures. Quand la
Terre paraît stationnaire à Jupiter, par
exemple, cette planète est aussi stationnaire
à nos yeux, parce que les rayons visuels sont
communs à deux observateurs qu'on suppose
se regarder réciproquement.

Quand la Terre, vue du centre de Jupiter, paraît en conjonction inférieure avec le Soleil, et qu'elle est rétrograde, Jupiter est pour nous en opposition et doit aussi nous paraître rétrograder. En effet, une planète est directe pour nous, lorsque notre mouvement conspire avec le sien pour la faire paraître aller du même sens où elle va réellement; elle paraît être rétrograde, quand ces mouvemens se contrarient de manière que la planète paraisse aller dans un autre sens que celui où elle va. (*Voy.* l'Astronomie de *Lalande*, l'Astronomie physique de *Biot*, etc.) Ainsi le point stationnaire et le mouvement rétrograde de toutes les planètes supérieures, peuvent se démontrer avec un appareil semblable à celui ci-dessus décrit, et que, pour plus de facilité, j'ai adapté à Mercure seulement.

61. Par tout ce que nous avons dit, et par les mouvemens qui s'opèrent sur le mécanisme, on voit que la position des planètes dans le zodiaque, ainsi que leurs aspects les unes à l'égard des autres, varient à l'infini, et que si un observateur, placé sur le Soleil, suivait la marche de ces globes, il les verrait souvent correspondre à d'autres points que ceux où un autre

observateur placé sur la Terre les verrait dans le ciel. C'est pour cette raison que les astronomes distinguent ces deux points d'observations par les noms de *longitude héliocentrique* et *géocentrique*.

La longitude héliocentrique est la distance d'une planète au point de l'équinoxe du printemps, c'est-à-dire, au premier degré du signe du Bélier, vue du Soleil.

La longitude géocentrique est la distance d'une planète au même point de l'équinoxe, vue de la Terre. Ainsi quand le Soleil ou une planète ont, par leur mouvement annuel, parcouru trente degrés de l'écliptique, en partant de l'équinoxe, on dit qu'ils ont trente degrés, ou un signe de longitude, et ainsi de suite jusqu'à douze signes, c'est-à-dire, jusqu'au retour du Soleil, ou de la planète au même point équinoxial.

62. Dans la *Connaissance des Temps ou des mouvemens célestes*, et dans l'*Annuaire*, publiés chaque année par le bureau des longitudes à Paris, la position géocentrique des planètes principales dans le zodiaque y est donnée de six en six jours dans la première, et de dix en dix jours dans le second ; de sorte que, muni de

l'un ou de l'autre de ces ouvrages ; on peut, avec beaucoup de facilité, représenter sur l'uranorama le véritable état du ciel pour un jour donné, et se procurer ainsi en peu de temps le plaisir de voir d'un coup d'œil la majestueuse distribution de tous les corps célestes dont notre système est composé.

63. *Planètes extérieures.* Mars est connu dans le ciel par la couleur rougeâtre qui lui est propre, et qui est produite par la densité de l'atmosphère dont il est environné. Cette planète, qui est la quatrième dans l'ordre du système, est cinq fois environ plus petite que la Terre, dont elle est cinq fois plus près dans son périgée que dans son apogée, ce qui fait qu'on la voit très-rarement. La distance de ce globe au Soleil est de cinquante-deux millions de lieues ; ainsi son orbite enferme celle de la Terre, comme celle-ci enferme celles de Mercure et de Vénus. Mars fait une révolution diurne autour de son axe en vingt-quatre heures cinquante-une minutes, et une autour du Soleil en six cent quatre-vingt-six jours vingt-deux heures dix-huit minutes. Une circonstance remarquable à l'égard de cette planète, c'est la perpétuelle uniformité de ses jours et de

ses nuits, occasionée par la perpendicula-
rité de l'axe de ce globe au plan de son
orbite : d'où il suit que Mars n'éprouve aucune différence de saisons.

CÉRÈS, petite planète découverte à Pa-
lerme, le 1er janvier 1801, par *Piazzi*, est
un globe dix fois environ plus petit que
celui de la Terre ; sa distance au Soleil,
autour duquel elle fait sa révolution en
quatre ans deux cent dix-sept jours, est de
quatre-vingt-quinze millions vingt-huit
mille lieues.

PALLAS, autre petite planète découverte
à Brême, le 22 mars 1802, par *Olbers*, est
vingt-neuf fois environ plus petite que la
Terre : elle est éloignée du Soleil de quatre-
vingt-quinze millions huit cent quatre-vingt-
dix mille lieues, et fait sa révolution dans
son orbite en quatre ans deux cent quarante-
un jours dix-sept heures.

JUNON a été découverte à Lilienthal, le
4 septembre 1808, par *Harding*. Le diamètre de ce globe est encore ignoré ; mais
on sait que sa distance au Soleil est de cent
douze millions de lieues, et qu'elle fait sa
révolution en cinq ans et trois mois.

VESTA, petite planète dont le diamètre
est encore inconnu, et dont la révolution se

fait en treize cent vingt-un jours douze heures autour du Soleil, dans une orbite dont le rayon est de soixante-treize millions trois cent six mille lieues, a été découverte à Brême, le 29 mars 1807, par *Olbers*.

Les découvertes si rapprochées de ces quatre planètes, dont les orbites sont comprises entre celles de Mars et de Jupiter, peuvent induire à penser que les intervalles compris entre Jupiter et Saturne, et entre cette planète et celle d'Uranus, sont aussi occupés par d'autres globes que la perfection des instrumens et le zèle des astronomes parviendront à faire découvrir un jour.

Jupiter est le plus gros de tous les globes célestes dont notre système est composé, le Soleil excepté ; trente-un mille cent onze lieues de diamètre; un volume qui surpasse treize cents fois celui de la Terre ; un mouvement de rotation qui accomplit en neuf heures cinquante-cinq minutes une révolution autour d'un axe peu incliné, et qui lui fait parcourir à chaque point de son équateur une quantité de neuf mille sept cent cinquante lieues par heure ; une orbite immense dont le rayon est de cent quatre-vingts millions de lieues, parcourue en près de douze ans ; une alternative de jours et de nuits, dont la longueur n'excède jamais cinq heures ; des pôles très-aplatis, et dont l'affaissement est dû à la rapidité du mouvement diurne qui entraîne les nuages formés dans l'atmosphère de cette planète, et dont la densité semble produire les zones obscures appelées *Ceintures de Jupiter*, que l'on observe dans le voisinage de son équateur ; quatre lunes ou satellites produisant sur ce globe des effets semblables à ceux de la Lune sur le nôtre, et dont les fréquentes éclipses sont d'un grand secours pour déterminer les longitudes : tels sont les élémens et les particularités de ce globe imposant dont les analogies avec la Terre sont si nombreuses, qu'il semble impossible qu'il ne soit qu'un vaste désert condamné à une stérilité éternelle.

Saturne. De tous les objets que nous présente la voûte céleste, cette planète est assurément celui qui nous offre le plus de diversité dans les phénomènes. C'est un globe magnifique ceint d'un double anneau lumineux, accompagné de sept satellites, orné de bandes équatoriales, comprimé vers ses pôles, tournant sur son axe, éclipsant son anneau et ses satellites, dont il est réciproquement éclipsé ; toutes les parties de ce système se réfléchissant mutuellement la lumière, l'anneau et les lunes de la grande planète éclairant les nuits de ses habitans, et le globe et les satellites portant aussi la lumière sur les plages obscures de ces anneaux, enfin la planète et ces mêmes anneaux suppléant à la lumière solaire pour les satellites qui s'en trouvent privés pendant les conjonctions.

Voilà sans doute un enchaînement de phénomènes auquel l'imagination semble ne pouvoir rien ajouter, et cependant les observations y découvrent encore quelques singularités qui distinguent *Saturne* des autres planètes. Son volume est mille fois environ celui de la Terre ; il fait sa révolution diurne en dix heures seize minutes, et celle autour du Soleil, dont il est éloigné de trois cent trente millions de lieues, en vingt-neuf ans cent soixante-seize jours quatorze heures trente-six minutes ; son anneau tourne sur lui-même en dix heures vingt-neuf minutes autour d'un axe perpendiculaire à son plan, et dont la conservation du parallélisme dans tous les points de l'orbite de Saturne produit sur les bords intérieurs et extérieurs de cet anneau des jours et des nuits dont la durée est de quinze ans environ.

Uranus, qui, par son éloignement du Soleil, semble être relégué aux derniers confins de notre système planétaire, est un globe qui, malgré une grosseur égale à cent fois environ celle de la Terre, est cependant resté ignoré des hommes depuis l'origine du monde jusqu'au 13 mars 1781, qu'*Herschell* en fit la découverte en Angleterre, et lui donna aussitôt le nom de *Georgium Sidus*, comme un témoignage éclatant de sa reconnaissance envers le monarque dont les bienfaits lui avaient procuré les moyens d'établir ce fameux télescope qui a déjà rendu de si importans services à l'astronomie, et qui transmettra le nom d'*Herschell* à la postérité, avec les éloges que son mérite et sa persévérance lui ont justement acquis. Cependant *Flamsteed*, *Mayer* et *Lemonier* avaient précédemment aperçu cette planète, dont la petitesse et le mouvement insensible pendant les courtes observations qu'ils en firent, les portèrent à ne la considérer que comme une etoile de cinquième grandeur : de sorte que l'honneur de la découverte, non-seulement de cette planète, dont la distance au Soleil excède six cent soixante-deux millions de lieues, mais encore de six satellites qui l'accompagnent, appartient tout entier à ce célèbre astronome que l'Allemagne a vu naître, et qui doit le développement de son génie aux encouragemens de l'Angleterre.

Le mouvement de ce globe sur son axe n'est pas encore exactement connu ; mais on sait, avec précision, que sa révolution autour du Soleil s'accomplit en quatre-vingt-deux ans cent cinquante-deux jours quatre heures dix minutes.

64. Comètes. Outre les trente corps célestes réguliers, tant planètes que satellites, que j'ai décrits dans cet opuscule, et qui se trouvent réunis sur l'uranorama, il en est une autre espèce qui fait aussi partie de notre système, et à laquelle on a donné le nom de *Comètes*, à cause de l'apparence de chevelure ou de queue qu'elles entraînent avec elles.

Ces corps, que leur apparition et leur disparition à nos yeux pourraient faire considérer comme des globes vagabonds qui errent d'un système à l'autre, et qui ont un mouvement différent de celui des planètes, sont toutefois soumis à des lois régulières qui permettent quelquefois de prédire leur retour. Il est donc à présumer que les comètes sont

des globes permanens comme les planètes
avec lesquelles elles ont beaucoup d'analo-
gie. Mais au lieu de se mouvoir dans le zodiaque, ainsi que le font les planètes, les
comètes, dont le nombre considérable ne
sera probablement jamais connu des hommes, circulent dans toutes les directions du
ciel, et traversent les orbites des planètes
sans obstacle (1).

L'apparition de ces globes extraordinai-
res a toujours été et sera probablement long-
temps encore considérée par les peuples
comme un signe de la colère du Ciel et le
précurseur de quelques grandes calamités

---

(1) M. Delille de Salle, dans son *Histoire du
Monde primitif*, tome 1, page 200, prétend, suivant l'astronome Lambert, qu'il y a 500 mille
comètes entre le Soleil et Saturne, et autant
entre Saturne et Uranus; et il ajoute : « D'Uranus à l'aphélie de la comète de 1680, nos tables
nous donnent 5 milliards 64 millions de lieues,
dans lequel espace on peut sans hésiter placer 8
millions de comètes; et comme on croit que la
comète de 1680 est située au centre de l'intervalle qui sépare Uranus des confins du système
solaire, ainsi on ne peut désapprouver l'idée que
notre Soleil est le foyer de l'orbite de 17 millions
de comètes. »

dont il menace les hommes ; et les événemens arrivés en Europe, pendant et après
la longue apparition de la belle comète de
1811, sont peu propres à détruire ce pré-
jugé. Cependant, une seule réflexion devrait
suffire pour dissiper ces craintes puériles,
Puisqu'on est parvenu à prédire le retour
de quelques comètes, et que l'événement a
justifié la prédiction (1), c'est donc une
erreur, peut-être même une sorte d'impiété,
de croire qu'à chaque retour périodique
d'une comète, la Terre doive être le théâtre de nouvelles horreurs. Cette opinion ne
suppose-t-elle pas, dans la Divinité, une
vengeance périodique qui se renouvelle à
des époques fixes, et qu'il est maintenant

---

(1) Halley ayant calculé les élémens et l'orbite
de la comète de 1682, démontra que cette comète était la même qui parut en 1607, et osa en
prédire le retour pour l'année 1759. La comète
a effectivement reparu au temps fixé. Ainsi sa
révolution est de soixante-quinze ans environ.
Elle reparaîtra donc en 1835.

Une autre comète, dont la révolution est d'environ douze cents jours, passera par son périhélie, le 4 mai de cette année 1832 ; et le 29 octobre de la même année, avant minuit, une autre

au pouvoir des hommes de déterminer avec précision ?

Tous les mois, la Lune paraît et disparaît à nos yeux, sans qu'il en résulte aucun malheur pour la Terre. Il en est de même de l'apparition et de la disparition des comètes, qui ne s'effectuent qu'après un intervalle de temps incomparablement plus long, parce que les orbites qu'elles parcourent ont infiniment plus d'étendue que n'en a celle de la Lune, et qu'une nouvelle apparition ne peut se manifester à nos regards que quand une comète a accompli sa révolution dans son orbite, et que son rapprochement de la Terre nous permet de l'observer, jusqu'à ce que, s'en éloignant de nouveau, elle disparaît encore à nos yeux.

---

comète dont la révolution est de six ans huit mois et quelques jours, entrera dans l'orbite de la Terre, jusqu'à une distance de 7000 lieues environ. Mais comme au moment du passage de cette comète dans notre orbite, la Terre s'en trouvera éloignée de plus de vingt millions de lieues, nous sommes donc certain que la rencontre de ces deux globes ne pouvant avoir lieu, il n'en peut résulter aucun choc. Ainsi la nuit du 29 octobre se passera comme toutes les autres nuits.

Les comètes ne peuvent donc être le présage ni la cause des catastrophes que les passions humaines, bien plus que la prétendue influence de ces corps errans, produisent sur la Terre.

Cependant il est des circonstances où les comètes peuvent être philosophiquement considérées sous des rapports désastreux et propres à inspirer des craintes d'une révolution, non politique, mais physique de la Terre, et même sa destruction totale.

Puisque les orbites des planètes sont traversées par les orbites de quelques comètes, il pourrait donc arriver un jour que le point d'intersection de ces deux orbites devînt celui de la rencontre d'une planète avec une comète. Comme le passage de ces deux globes sur ce point ne pourrait s'effectuer en même temps sans obstacle, il en résulterait un choc d'autant plus désastreux pour l'un ou l'autre, et peut-être pour tous les deux, que cette rencontre se serait faite dans un sens uniforme ou opposé au mouvement particulier de chacun d'eux. Il est impossible de calculer les effets d'une telle rencontre, dont le moindre, sans doute, serait un déplacement, un changement de direction, etc.

Ce n'est pas tout. A leur passage dans le

voisinage du Soleil , les comètes , suivant l'opinion commune, acquièrent un degré si considérable de chaleur, que tout ce qui, à leur surface, est susceptible d'évaporation , se réduit en cet état, et forme cette espèce de chevelure ou de queue qu'elles entraînent avec elles.

D'après les calculs de Newton, la chaleur qu'a éprouvée la comète de 1680 , dans son plus grand rapprochement du Soleil, était deux mille fois plus forte que celle d'un boulet rougi au feu, et cinquante mille ans suffiront à peine pour en produire le refroidissement. On conçoit aisément que si la Terre était exposée, pour quelques instans, à une chaleur aussi calcinante, non-seulement toutes les mers seraient bientôt réduites en vapeurs, mais le globe même serait pulvérisé, et ses cendres dispersées dans l'espace.

Les circonstances qui peuvent occasioner ces effets désastreux, ou quelques autres d'une nature à peu près semblables, tels qu'un nouveau déluge., une siccité universelle, etc., et dont la seule pensée effraie l'imagination ; ces circonstances, dis-je, sont enchaînées à tant d'autres qui peuvent détourner ou affaiblir ces effets, qu'on pourrait, avec assurance de gagner, parier trois cent millions d'unités contre une seule, qu'ils n'arriveront jamais.

D'ailleurs, si nous considérons le nombre prodigieux des comètes, si nous considérons les routes différentes qu'elles tiennent dans l'espace, l'immensité de leurs orbites, la grosseur démesurée de quelques-uns de ces globes, etc., nous ne douterons pas un instant que les comètes ne soient destinées, non à la destruction, mais à la conservation de l'Univers, et qu'elles sont nécessairement liées à l'ordre et à l'harmonie qui en constituent l'édifice éternel.

Nous terminerons par la citation des vers suivans, que Voltaire a faits sur le même sujet :

Comètes, que l'on craint à l'égal du tonnerre,
Cessez d'épouvanter les peuples de la terre ;
Dans une orbite immense achevez votre cours,
Remontez, descendez, vers l'astre de nos jours ;
Lancez vos feux, volez ; et, revenant sans cesse,
Des mondes épuisés ranimez la vieillesse.

SUR LE MIRACLE DU SOLEIL ARRÊTÉ A LA VOIX DE JOSUÉ.

Au nombre des objections que l'on fait généralement contre le mouvement de la Terre, il en est une qui m'a été opposée tant de fois et dont la source est si révérée, que ce n'est toujours qu'en hésitant que je me trouve dans la nécessité de la combattre. On conçoit qu'il s'agit ici du miracle de la prolongation du jour, arrivé au temps et par les ordres de Josué.

Parmi le nombre prodigieux de personnes qui m'ont objecté ce passage de l'Écriture, j'ai été assez surpris d'entendre un archevêque italien avec lequel je me suis un jour trouvé à dîner chez un seigneur milanais, dire hardiment *que quand même il verrait le mouvement de la Terre s'effectuer sous ses yeux, il ne le croirait pas encore, parce que l'Écriture sainte et la religion disent et enseignent le contraire.* D'après un tel aveu fait dans un siècle comme le nôtre, par un homme que l'on doit au moins supposer instruit, et en présence d'une nombreuse société, doit-on être surpris que beaucoup de personnes tiennent encore le même langage? Je ne doute pas que si ce prélat était appelé à prononcer sur le sort d'un autre Galilée, il ne manquerait pas de conformer son jugement à celui que ses prédécesseurs ont rendu contre cet illustre astronome.

Quoi qu'il en soit, et bien que le mouvement de la Terre ne soit plus un objet de discussion que pour les personnes qui refusent de croire à l'évidence même, je présume que les réflexions suivantes pourront servir à tranquilliser les esprits timorés qui craindraient encore de compromettre leur salut, en croyant à la mobilité de la Terre.

D'après le texte littéral de l'Écriture, il ne serait pas douteux que le Soleil et la Lune se seraient arrêtés à l'ordre impératif qui leur a été donné par la voix de Josué. Mais quand les faits prouvent le contraire, et que la lettre *tue,* a dit saint Paul, il est permis de s'attacher à l'esprit et non au sens littéral d'une expression. Or il est maintenant prouvé à tous les astronomes que la Terre est un globe qui tourne sur lui-même et autour du Soleil. Ce mouvement a lieu depuis le commencement du monde; ce n'est donc pas le Soleil, mais la Terre qui a dû s'arrêter à la voix de Josué.

Peu importe d'ailleurs qué la prolongation du jour ait été produite par la suspension du mouvement du Soleil ou de celui de la Terre; il suffit que le vœu exprimé ait été exaucé pour que ce soit, après la création, le plus grand. de tous les miracles que Dieu ait opérés. J'avoue cependant que je ne sais trop pourquoi Josué ne s'est pas contenté d'ordonner au Soleil seul de s'arrêter, sans encore intimer ce même ordre à la Lune, car il ne pouvait ignorer que l'éclat de la lumière du Soleil rend parfaitement nulle celle de la Lune, pleine ou nouvelle. C'était donc une amplification de moyens sans nécessité, et une double privation pour les parties opposées de la Terre, puisque si le Soleil et la Lune ont été presque un jour entier sans se coucher pour Gabaon. la nuit a dû être d'une égale durée sur l'hémisphère opposé, circonstance dont la Bible ne fait pas mention.

Si on passe à l'examen de la position dans laquelle se trouvait alors Josué, on trouvera peut-être la preuve qu'il ne pouvait s'exprimer différemment qu'il ne l'a fait.

Il venait de succéder à Moïse, et voulait effectuer le plus promptement possible la conquête de la terre promise. Pour y parvenir plus efficacement, son premier soin fut d'envoyer des espions dans la ville de Jéricho, afin d'en faciliter la prise. Au retour de ses espions il effectua le passage du Jourdain aussi miraculeusement que celui de la mer Rouge. Ce passage inattendu consterna les Cananéens, qui n'en furent instruits que quand il n'était plus temps de s'opposer au progrès de leurs ennemis. Cependant ceux-ci s'arrêtèrent pour opérer leur circoncision qui avait été négligée, et célébrer la pâque. Après ces deux actes religieux, ils virent tomber miraculeusement, et au bruit de leurs cors, les murs de Jéricho dont ils massacrèrent tous les habitans, à l'exception seulement de Rahab et de sa famille, parce que Rahab avait sauvé les espions de Josué qu'elle avait accueillis et logés chez elle.

La destruction de Jéricho fut suivie d'une tentative infructueuse des Israélites sur la ville de Haï. Comme la défaite des Hébreux dans cette première attaque pouvait avoir des conséquences funestes pour Josué, elle lui fut si sensible, qu'après avoir déchiré ses vêtemens et exprimé ses regrets d'avoir passé le Jourdain, il fit lapider et brûler, comme auteur de ce désastre, Hacan avec toute sa famille, leurs troupeaux, etc., parce que Hacau, au lieu de faire le dépôt au trésor consacré à Dieu, avait soustrait du pillage, pour se les approprier, une robe, quelques pièces d'argent et un petit lingot d'or. Cet acte d'une extrême sévérité produisit sur les Israélites l'effet qu'en attendait Josué, qui, par un heureux stratagême, s'empara de la ville de Haï, qui fut détruite de fond en comble, et toute sa population, de douze mille hommes, massacrée ainsi que son roi.

Les Gabaonites craignant un sort semblable à celui que venaient d'éprouver les malheureux habitans de Jéricho et de Haï, obtinrent grâce de la vie à l'aide d'une ruse qui leur réussit, en se faisant passer pour des ambassadeurs de pays lointains ; mais ils ne purent se soustraire à l'esclavage, même en faisant la remise de leurs diverses villes aux Israélites.

Cette défection excita naturellement l'indignation des rois et des peuples voisins des Gabaonites, dont la conduite était considérée comme une lâcheté et une trahison. Les troupes que les cinq rois avaient fait marcher contre Gabaon furent mises en déroute par les Israélites, et exterminées par une grêle de pierres que Dieu leur lançait lui-même du haut des cieux (1).

Telles furent les circonstances qui ont précédé et occasioné cette défaite ; et telle était aussi la position de Josué, qui voyant ses ennemis pressés de toutes parts et assaillis, ou pour mieux dire exterminés, par cette grêle de pierres divines, ne pouvait que désirer l'anéantissement total d'un ennemi que la nuit pouvait rallier, et dont il devait craindre l'exaspération. C'est dans cette conjoncture que, sentant que la prolongation du jour pouvait lui procurer une victoire aussi complète que décisive, Josué exprima naturellement le vœu de son cœur par ces mots : *Soleil, arrête-toi sur Gabaon, et toi, Lune, arrête-toi dans la vallée d'Ajalon.* De quel langage ce chef d'armée pouvait-il se servir en présence du peuple qu'il gouvernait, sinon des expressions qui leur étaient familières à l'un et à l'autre ? N'est-il pas plus que probable qu'aucun Israélite, à cette époque, n'avait jamais entendu parler

______

(1) Ces pierres offrent un rapport sensible avec la chute assez fréquente de celles que les astronomes et les physiciens nomment *aérolithes*.

du mouvement de la Terre, et que Josué l'i-
gnorait également? Mais, en admettant même
qu'il en ait eu connaissance, soit par révéla-
tion ou autrement, se serait-il exposé aux sar-
casmes de son peuple en disant : *Terre, arrête-toi !* De tous temps et dans tous les
pays, le langage des hommes a dû et doit
être conforme à leur entendement, et les
astronomes ne disent pas plus aujourd'hui :
la Terre se lève ou se couche, qu'on ne le
disait du temps d'Hipparque, de Ptolémée, etc. Je pense donc que Josué n'a pu
ni dû s'exprimer d'une autre manière que
celle qui est rapportée dans la Bible, sans
que pour cela on puisse en inférer que la
Terre est immobile.

D'après ce que je viens de dire, je me
permettrai encore une réflexion. Malgré
mon respect et la foi qui est due aux livres
saints, j'ai toujours pensé, comme je le
pense encore, que la Bible est un recueil
de mémoires écrits par plusieurs hommes,
dont le but était évidemment le même, c'est-
à-dire l'établissement du culte du vrai Dieu
sur la ruine de l'idolâtrie, et l'histoire du
peuple juif. Il est donc hors de doute que
les historiens sacrés ont eu peut-être moins
que Sénèque, Suétone, Tacite, etc., l'idée

de donner des leçons de physique et d'astronomie, et que les erreurs qui se rencontrent dans quelques-uns des passages de l'Écriture sainte, qui peuvent avoir du rapport à l'une ou à l'autre de ces sciences, ne détruisent pas pour cela la vérité des faits qui y sont décrits, puisque la cause primordiale, qui est Dieu, reste toujours la même. Si les historiens de Josué avaient été aussi instruits du mouvement de la Terre que Périclès l'était de la cause des éclipses, ces passages auraient peut-être été rédigés d'une manière différente, et n'auraient sûrement pas donné lieu à la sentence qui couvre d'un éternel opprobre les juges qui ont condamné l'illustre Galilée à abjurer, à 70 ans, comme une hérésie damnable, l'opinion qu'il avait du mouvement de la Terre.

Au surplus voici les passages que j'ai littéralement copiés des versets 21, 22 et 23 du 10e chapitre du Livre de Josué, et que j'ai extraits de la Bible imprimée à Paris, en 1805. Permis à chacun de les commenter comme bon lui semblera.

« Et comme les *Amorrhéens* s'enfuyaient
« de devant Israël et qu'ils étaient à la des-
« cente de Botheron, l'Éternel jeta des
« cieux, sur eux, de grosses pierres jus-

« qu'à Azaka, et ils en moururent. Il y en
« eut plus de ceux qui moururent de la
« grêle de pierres que de ceux que les
« enfans d'Israël tuèrent avec l'épée. Alors
« Josué parla à l'Éternel, le jour que
« l'Éternel livra l'Amorrhéen aux enfans
« d'Israël, et il dit en présence d'Israël :
« *Soleil, arrête-toi à Gabaon; et toi, Lune,*
« *arrête-toi dans la vallée d'Ajalon.* Et
« le Soleil s'arrêta, et la Lune aussi, jusqu'à
« ce que le peuple se fût vengé de ses enne-
« mis. Ceci n'est-il pas écrit au Livre du
« Droiturier (1)? Le Soleil donc s'arrêta au
« milieu des cieux et ne se hâta point de se
« coucher environ un jour entier. Et il n'y
« a point eu de jour semblable à celui-là
« devant ni après, l'Éternel exauçant la
« voix d'un homme, car l'Éternel combat-
« tait pour les Israélites. »

------

(1) Ce renvoi au livre du Droiturier est, selon
moi, une preuve incontestable que ce chapitre du
Livre de Josué n'est qu'un recueil d'anciennes
chroniques où l'auteur a puisé.

VOYAGE

EN RUSSIE ET EN POLOGNE (1).

Par son climat, ses mœurs, son génie et ses lois,
La France est le flambeau des peuples et des rois.

Sɪ les émigrations causées par la révoca-
tion de l'édit de Nantes furent un malheur
pour la France et un avantage réel pour
l'Angleterre et l'Allemagne, celles qui ont
eu lieu depuis 1789, et surtout la funeste
expédition de Moscou, ont tiré la Russie de
l'état sauvage et barbare dans lequel, sans
ces circonstances, elle serait indubitable-
ment restée encore plusieurs siècles.

Depuis ces époques à jamais mémorables,
la civilisation, les sciences, les arts et tous

(1) Les pages suivantes ont été écrites aussitôt
mon retour à Paris en 1824. Je voulus alors les
faire imprimer, ainsi que le narré des 4 soirées
que j'ai passées à Varsovie avec le grand duc Constantin ; mais les motifs exprimés dans la note de la
page 27 de cette brochure m'en ont empêché.

les genres d'industrie se sont propagés en Russie avec une rapidité comparable à celle de la population juive en Égypte, et j'avoue que ce n'est pas sans éprouver un sentiment pénible que pendant mon long séjour dans ces rigoureux climats je n'ai été que trop à même de juger que ce sont généralement les Français qui ont fait de la Russie un géant redoutable qui maîtrisera bientôt l'Europe, et finira par l'envahir tout entière, à moins qu'une sainte ligue des rois et des peuples de ce continent ne soit formée assez à temps pour s'y opposer.

Tout ce que j'ai vu dans les régions hyperboréennes n'a fait qu'accroître en moi ce sentiment inné et profond qui m'a toujours inspiré une opinion défavorable envers les Français que j'ai vus dans les pays étrangers, transporter des découvertes ou former des établissemens nuisibles à leur patrie, ou y introduire des chefs-d'œuvre supérieurs à ceux dont ils ont enrichi la France.

C'est d'après cette opinion bien ou mal fondée, mais dont je ne suis pas maître, que je n'ai pu consentir à accepter les offres avantageuses et réitérées qui m'ont été faites en Russie pour y laisser le mécanisme dont je fais usage pour mes démonstrations d'astronomie. Ces refus opiniâtres n'ont eu d'autres motifs que celui de ne point laisser à l'étranger un travail auquel j'ai fait les améliorations dont il était susceptible, et qui ayant été fait après celui que Sa Majesté

Louis XVIII a fait déposer à la Bibliothèque du Roi, lui est naturellement supérieur.

Je ne doute pas que cette conduite de ma part ne soit approuvée par les uns et fortement blâmée par les autres. On me demandera pourquoi, avec une telle opinion, je suis allé porter en Russie le peu de talent dont le Ciel m'a favorisé. A quoi je puis répondre, avec vérité, que je n'ai ni exporté ni introduit dans aucun pays rien qui puisse nuire à l'intérêt général ou particulier de la France. Si je me suis rendu aux promesses illusoires que plusieurs Russes m'ont faites à Paris, ce n'a été que dans l'intime conviction qu'en allant dans leur pays j'y obtiendrais un très-grand nombre de souscriptions pour mes mécanismes que je serais venu établir à Paris, d'où je les aurais expédiés aux souscripteurs russes; tels furent mon projet et mon espoir en quittant la France. Pour atteindre le but proposé, il était essentiel que je fusse admis à faire une démonstration de mon mécanisme à l'empereur Alexandre, comme j'avais eu l'honneur d'en faire une à S. M. Louis XVIII, et j'étais porteur de lettres de recommandation qui ne me laissaient aucun doute à cet égard.

L'Empereur, qui est rarement sans voyager, était à Moscou, lors de mon arrivée à Pétersbourg; je me rendis donc à Moscou, mais inutilement : l'accouchement de la grande duchesse Nicolas, l'arrivée de son père le roi de Prusse, les fêtes auxquelles tous ces

événemens ont donné lieu et ensuite le dé-
part de la Cour, mirent le comble à mon
désespoir.

Le but de mon voyage étant ainsi com-
plètement manqué et mes ressources presque
épuisées, je me vis réduit à vivre du produit
de mon mécanisme, et enfin à accepter une
place que j'ai remplie comme précepteur,
jusqu'au moment où, grâce à la plus sévère
économie, et à une conduite austère et sans
reproche, j'ai pu enfin me mettre en route
pour revoir une patrie après laquelle je sou-
pirais depuis six ans.

Ces faits, qui me sont purement person-
nels, n'empêcheront pas de faire alléguer
et répéter ce que j'ai souvent entendu, que
si le gouvernement français ne procure pas
aux artistes et aux hommes industrieux les
moyens d'exister en France, ils sont bien
forcés de porter dans les pays étrangers des
talens et une industrie qui les y feront vivre,
et pour lesquels ils seront honorés et encou-
ragés. Je conviens de la justesse de ce raisonnement : mais si les Français qui por-
tent leurs talens dans les frimas du Nord
savaient le peu de fondement que l'on doit
faire sur les promesses que font à Paris les
Russes qui veulent attirer chez eux les artistes ; s'ils savaient que, rentrés dans leurs
palais, ces mêmes Russes reprennent aussitôt le caractère naturel dont ils ne se dé-
pouillent momentanément que lorsqu'ils se
trouvent confondus dans la foule d'un peuple

libre et instruit, et qu'ils sont tout autres chez eux que ce qu'ils paraissent être en France; si ces Français, dis-je, avaient été comme moi témoins et victimes de l'orgueil, des vaines promesses, du despotisme et de l'ingratitude du plus grand nombre des seigneurs russes, ils se garderaient bien de partir pour un pays qui, outre les rigueurs du climat et les désagrémens de tous genres, n'offre plus maintenant que de bien faibles ressources aux étrangers qui sont assez fous pour s'y rendre, et où, sur cent, il en est plus de quatre-vingt-dix qui sont réduits à y végéter, vieillir et mourir faute de moyens nécessaires d'en sortir. J'ai été assez heureux pour n'être pas dans ce dernier cas, et je me félicite d'avoir pu rendre à mon pays un monument que je considère comme sa propriété.

En sortant de l'océan de neige et de glaces dont la Russie est couverte pendant sept ou huit mois de l'année, je me trouvai soulagé d'un immense fardeau; et je ne puis me rappeler sans émotion les larmes de joie que j'ai versées à la sortie du pont du Bug, qui sépare la Russie de la Pologne, et dont la dernière barrière s'est enfin ouverte pour me laisser entrer à *Therespole*, où mon premier mouvement fut de mettre les genoux à terre pour remercier Dieu de ma délivrance et de celle de ma famille. Je n'oublierai jamais la transition étonnante dont j'ai été l'objet et le témoin en moins d'une heure d'intervalle. De l'autre côté du pont du Bug, à Brzescie, je croyais n'être jamais débarrassé des vexations des douaniers et des recherches inquisitoriales de la police russe, tandis qu'à la vue de ma femme enceinte et malade, et de trois enfans transis de froid, la voix de l'humanité se fit de suite entendre au cœur de M. Rudzki, directeur des douanes de Therespole, qui, ainsi que sa vertueuse épouse, nous prodiguèrent tout ce que la bienfaisance pouvait leur suggérer. En écrivant ces lignes je soulage mon cœur, et remplis un devoir bien doux, puisqu'il m'est inspiré par la reconnaissance.

Puisque je viens d'acquitter une dette sacrée, il me faut continuer de rendre à César ce qui appartient à César.

En arrivant à Varsovie, je fus étonné de l'air sombre et réservé que je remarquai sur toutes les figures ; ma surprise augmenta encore quand le maître de l'hôtel où nous étions descendus, et qui est Français, me recommanda le plus rigoureux silence sur tout ce qui pouvait avoir du rapport à la Russie et à la politique. Cet avis salutaire, qui me fut répété par toutes les personnes que j'ai eu occasion de voir pendant les premiers jours qui ont suivi notre arrivée, me fit croire que je me trouvais à Constantinople ou dans les États de Venise, à l'époque de son gouvernement inquisitorial. Je ne tardai pas à être convaincu que l'autorité du grand duc Constantin est si absolue dans la malheureuse Pologne, que nul n'osera même s'y plaindre d'un acte arbitraire qu'il aurait pu commettre, quoique le plus sage des souverains n'en soit pas toujours exempt, surtout s'il n'y a aucun frein pour l'en garantir.

Cependant je me tins pour bien averti; et comme nos santés et les fatigues du voyage exigeaient un repos de quelques semaines, je me décidai à profiter de cette circonstance pour donner dans Varsovie le cours élémentaire d'astronomie, qui a donné lieu au discours contenu dans les pages 24, 25, 26 et 27, ainsi qu'aux quatre soirées que j'ai passées avec S. A. I. le grand duc Constantin, de qui je n'ai personnellement aucun sujet de me plaindre, et que je crois d'un caractère différent de celui que beaucoup de gens lui supposent. Pour être justement apprécié, ce prince a peut-être besoin d'être vu d'aussi près que j'ai été à même de le voir, c'est-à-dire dépouillé des marques de l'autorité, la tête découverte, en simple surtout, un cigare à la bouche, ne s'occupant pas des soins du gouvernement, mais remplissant les devoirs d'un bon époux et d'un bon père. Dans sa maison, et comme particulier, je le crois un modèle bon à imiter; mais je n'oserais assurer qu'il en est de même quand il a son chapeau de général sur les yeux, et qu'il commande en maître absolu.

FIN.

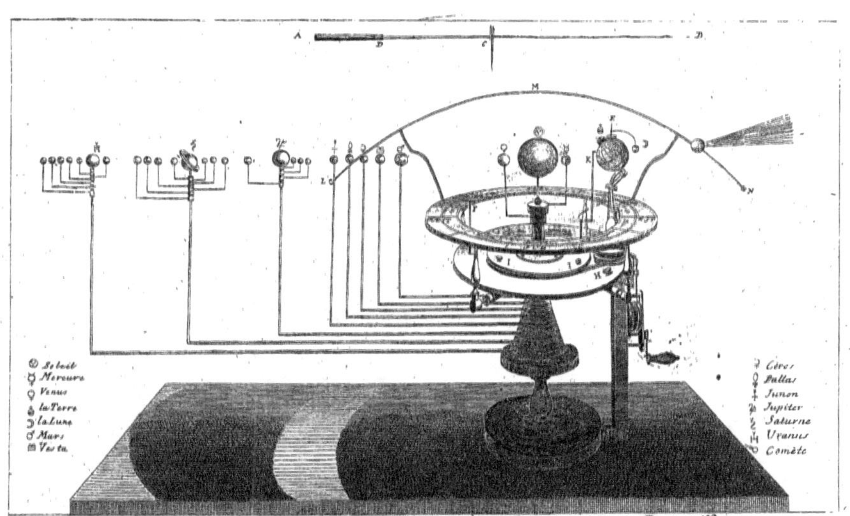

Mécanisme Uranographique Portatif de Ch. Rouy